Wolfgang Wolf

Die Jagd im Fürstentum Schwarzburg-Sondershausen und im Kyffhäuserkreis

Verlag Rockstuhl

Inhaltsverzeichnis

1. Vorwort Dr. Horst Kästner

Unter dem Motto („Jagd im Wandel der Zeit“) unternimmt der Autor Wolfgang Wolf einen breiten Diskurs über die Jagd in den letzten Jahrhunderten.
Akribische Recherchen in Archiven, Befragung von Zeitzeugen, eigene vielfältige Erfahrungen und eindrucksvolle Bilder runden die Veröffentlichung ab.

Im ersten Teil seiner Veröffentlichung beschreibt der Autor die Jagd in den Fürstentümern Schwarzburg – Sondershausen und Schwarzburg – Rudolstadt.
Detailliert werden die Jagdarten der Fürsten, ihre Entourage und die vielen rekrutierten Jagdknechte erörtert.
Bei den Fürsten spielte Jagd eine wichtige gesellschaftliche Rolle.
Prunk und Pomp begleiteten die Jagden.
Hochwild insbesondere Rotwild (Hirsche) wurden gern bejagt.
Die Jagd war Privileg des Adels und war durch Jagdregeln gesichert.
Mit der frühbürgerlichen Revolution 1848 wurden erste jagdliche Regeln beschlossen.
Die Gründung des Deutschen Reiches 1871, das Ende des 1. Weltkrieges mit der Abdankung des Kaisers waren weitere Meilensteine.
Mit der Ausrufung der Republik wurden weitreichende jagdliche Regeln beschlossen (Reichsjagdgesetz) und der Adel war entmachtet.

In einem autobiografischen Teil seiner Veröffentlichung beschreibt der Autor seinen beruflichen und jagdlichen Werdegang.
In der DDR wurde die Jagd stärker zentralisiert und in die Forstwirtschaft eingebunden.
Wolfgang Wolf kam nach Beendigung seines Studiums der Forstwirtschaft als Förster nach Strausberg.
Danach wechselte der Autor nach Kleinberndten und war als Revierleiter langjährig tätig.
Er bedankt sich bei seinen forstlichen Vorgesetzten für die Hilfe und Unterstützung, die er als junger Absolvent erhielt.
Seine jagdliche Heimat fand Wolfgang Wolf in der oberen Hainleite.
Dort lernte er viele Jagdfreunde kennen, denen Wolfgang Wolf in seinem Werk damit ein „Denkmal“ setzte.“
Mit der deutschen Wiedervereinigung gilt für alle das Bundesjagdgesetz und das Thüringer Jagdgesetz.
Die Jagd im Kyffhäuserkreis hat sich von einem feudalen Privileg hin zu einer verantwortungsvollen Aufgabe im Dienste Natur gewandelt.
Während sie früher vor allem Statussymbol und Nahrungslieferant war, dient sie heute der ökologischen Balance und der nachhaltigen Nutzung der Naturressourcen.
Die Verbindung von Tradition und Moderne macht die Jagd zu einem lebendigen Teil der Geschichte und Gegenwart des Kyffhäuserkreises.

Dem Autor ist es gelungen einen Abriss der Jagd im Spiegel der Zeit, zu geben.
Dabei runden sein fachlicher und jagdlicher Werdegang, seine Kenntnisse und Erfahrungen die Veröffentlichung ab.

Herzlichen Glückwunsch

Dr. Horst Kästner   Sondershausen   im März   2025

2. Einleitung

" *Uralt und voller geheimer Chiffren ist die Jagd. Lust und Leidenschaft, haben sie geprägt.*" 1 Kurt G. Blüchel)

Der Ursprung des Jagens ist Überlebenskampf, Nahrungsbeschaffung und Nutzung von Rohstoffen. Prähistorische Funde aus allen Erdteilen, alte Schriften, herrliche Gemälde, große musikalische Werke berühmter Musiker, kunstvoll gestaltete Gebrauchsgegenstände und Waffen großer Meister sind Zeugnisse dafür, dass die Jagd in allen Epochen auf die kulturelle Entwicklung der Menschheit enormen Einfluss hatte. Die Waidmannssprache (älteste noch verwendete Fachsprache) spiegelt sich in vielen Redewendungen unserer deutschen Muttersprache wieder.
Hornsignale haben sich aus Zeiten, als es noch keine Funk- und Handyverbindungen gab bis in die Jetztzeit erhalten.

Tegernseer Jagdschmuck

Schließe mit Hirschgrandeln

Brosche mit Hirschgrandeln

Dies alles ist wertvolles Kulturgut des deutschen Volkes, welches zu pflegen und zu erhalten eine Verpflichtung ist. Wenn wir in die Jahrhunderte der jagdlichen Entwicklung zurück blicken, sollten wir versuchen, uns in die jeweiligen gesellschaftlichen Verhältnisse zu versetzen. Es geht nicht, unsere jetzigen Auffassungen den Ereignissen, welche vor langer Zeit stattfanden, überzustülpen. Wenn ich heute die Argumentation der sogenannten Tier- und Naturschützer höre, z.B. die Jäger hätten das Großraubwild ausgerottet, dann muss ich auch bereit sein, die Gründe zu hinterfragen. Die Erlegung des Raubwildes hatte früher durchaus einen sehr realistischen Hintergrund. Nicht aus Mordlust wurden Bären und Wölfe scharf bejagt. In der damals kleinbäuerlichen Landwirtschaft konnte es für die fron- und abgabepflichtigen Bauern existenzbedrohlich sein, wenn Wölfe Kühe, Ziegen, Schafe oder anderes Nutzvieh töteten. Hatte ein kleiner Bauer nur eine Kuh, die gerade Milch gab, dann war es eben seine letzte. Hunger und Entbehrung für die gesamte Familie waren die Folge.
Um der Wahrheit Willen: Weder Wölfe, Bären noch Luchse waren in Europa jemals ausgerottet!

Viele jagdliche Handlungen in der Vergangenheit, waren aus heutiger Sicht falsch oder übertrieben, z.B. die aufwendigen feudalen Parforcejagden oder die Eingestellten Jagen des 19. Jahrhunderts.

Fundierte, wissenschaftlich belegte wildbiologische und ökologische Erkenntnisse wie in der heutigen Zeit gab es noch nicht. Sicher belegt ist aber der hohe Ausbildungsstand der Forst-und Jagdbediensteten. Die bei den Adligen diensttuende Jägerei beherrschte das umfangreiche Jagdhandwerk perfekt. Es bestand hohe gesellschaftliche Anerkennung, ein Ehrenkodex sowie ein noch bis in die DDR Zeit hinein spürbarer Berufsstolz und Corpsgeist. Jede Epoche hat gute und schlechte Entwicklungen gebracht. Der heutige Zeitgeist ist davon beherrscht, das eine kleine Minderheit einer Mehrheit erzählen will: Jagd ist gegen den Tier-und Naturschutz und der damit verbundene Waffenbesitz sei nicht mehr zeitgemäß. Diese Entwicklung zeigt, wie weit besonders die städtische Bevölkerung schon von der Natur und ihren Gesetzen entfernt ist. Die Folgen werden immer deutlicher sichtbar. Wildschweinrotten in den Städten und ausufernde Waschbärbestände. Selbst die deutsche Muttersprache, welche eigentlich für alles passende Worte hat, ist beeinflusst. Tiere sind z. B. nicht trächtig sondern wie Menschen schwanger, nach der Tragezeit bekommen diese keine Jungen mehr sondern Babys.

Treten Schäden, wie umgepflügte Parkanlagen, Friedhöfe und Gärten sowie durch Waschbären unbewohnbar gemachte Häuser deutlich in Erscheinung, dann sind die Bürger, welche es so herrlich finden, wenn diese niedlichen Tiere neben der Straßenbahn laufen, die ersten, die vom Staat sofort härteste Maßnahmen zur Beseitigung des Übels fordern.
Große Gesellschaftsjagden zu welchen, besonders in den Sonderjagdgebieten, zahlreiche einflussreiche Persönlichkeiten aus dem politischen Leben und ausländische Diplomaten eine Einladung erhielten, waren von großer Bedeutung.
In einer lockeren, fröhlichen, entspannten Atmosphäre ließen sich einfacher wichtige Verhandlungen vorbereiten und Absprachen treffen wie offizielle am Verhandlungstisch.
Aus der langen deutschen Geschichte möchte ich einige Beispiele aus mehreren Epochen erwähnen:
Schon zu Kaisers Zeiten schossen hohe Diplomaten, ausländische Generalstabsoffiziere und höchste Würdenträger in der Schorfheide kapitale Hirsche und anderes seltenes Wild.

In der Rominter Heide, dem Sonderjagdgebiet des Reichsmarschalls, weilte 1937 u.a. der englische Botschafter in Berlin Sir Nevile Henderson. Sir Henderson erlegte einen kapitalen Hirsch. "*Bei glänzenden Wetter unterhielt sich Henderson vortrefflich, genoss die Gastfreundschaft, das abendliche Freudenfeuer aus Fichtenzweigen, das Hornverblasen Halali und Hirschtod.*" [2] Görings Revier S. 94
Wie entspannt die Situation war, zeigte ein verbürgtes Gespräch, in welchem der Botschafter die Erlegung seines Hirsches beschrieb. "*Um in eine günstige Schussposition zu gelangen musste der hohe Diplomat auf dem Bauch robben. Unter schallenden Gelächter bemerkte Göring: Das das für Diplomaten die rechte Art vorwärtszukommen sei.*"[3] Görings Revier S 94
Seine Exzellenz erhielt keine Einladung weil er ein besonderer Freund Deutschlands war, nein. So ganz "nebenher" lotete die Reichsführung aus, wie sich England bei der geplanten Einverleibung Österreichs in das Deutsche Reich verhalten würde. Die Reihe der Jagdgäste in der Rominterheide ließe sich mit Außenministern, Königen, Generälen, Wirtschaftsbossen und anderen Würdenträgern fortsetzen.

Nach dem 2. Weltkrieg gab es in beiden deutschen Staaten wieder Staatsjagdgebiete, beziehungsweise man nutzte die alten weiter. Leider kam es auch zu

Auswüchsen, welche dem Ansehen der Jagd Schaden zufügten. Die guten Seiten und zweifellose der Nutzen sollte aber auch betrachtet werden.
Die alljährlichen vom Staatsrat der DDR für das akkreditiert Diplomatische Corps ausgerichteten Hasenjagden waren bei den Botschaftern sehr beliebt.
Das Einkleiden vieler Teilnehmer mit NVA (Nationale Volks Armee) Winter- Tarnanzügen und die Ausgabe von Jagdwaffen und Munition war schon eine schöne Gelegenheit sich kennen zu lernen und auf die Jagd einzustimmen.
Nach entsprechender Einweisung zum Waffengebrauch und in die Sicherheitsvorschriften begann das Auslaufen der Kessel. Staatsjagden im Bezirk Erfurt S. 10

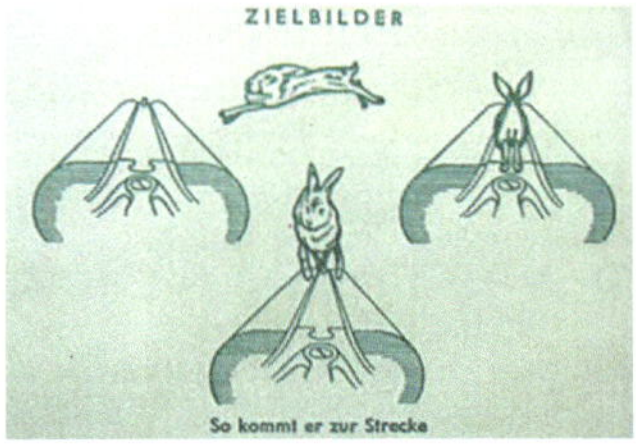

Mit diesen Jagden bot die Staatsführung den Diplomaten eine erlebnisreiche Abwechslung, um damit nicht zuletzt die internationale Anerkennung der DDR positiv zu beeinflussen.
Damit eine ordentliche Strecke (um die1000 Hasen) erzielt werden konnte, war eine entsprechende Biotoppflege erforderlich. Da die Jagdgebiete und das Wild nicht mehr entsprechend gepflegt werden, gibt es heute kaum noch Hasen in diesen Jagdgebieten. Natürlich spielen auch andere Gründe für den Rückgang des Niederwildes eine Rolle. Es hat eben alles seine zwei Seiten. Ob unter heutigen Bedingungen bei Nutzung solcher diplomatischen Möglichkeiten nicht leichter angestrebte Ziele für unser Land zu erreichen wären?
Die Ablösung des Staatsratsvorsitzenden Walter Ulbricht durch E. Honecker wurde anlässlich einer Jagd mit dem sowjetischen Generalsekretär Leonid Breschnew besprochen. Walter Ulbricht war kein Jäger. Erich Honecker dagegen verstand sich mit L. Breschnew bestens, da beide leidenschaftliche Jäger waren.
Mehrfach war der frühere Bundesverteidigungsminister, spätere Bayrische Minister-Präsident F. J. Strauß Jagdgast in den Staatsjagdgebieten der DDR, (Deutsche Demokratische Republik). In der Folge flossen Milliarden schwere Kredite in die Staatskasse der DDR.
In der BRD (Bundesrepublik Deutschland) gab es in den einzelnen Bundesländern auch Staats- bzw. Sonderjagdgebiete. In Niedersachsen ist da der "Saupark Springe" seit Kaisers Zeiten bekannt. Bis in die 1970er Jahre organisierte der damalige Ministerpräsident Albrecht alljährlich Gesellschaftsjagden mit hohen Gästen.

In meinen folgenden Betrachtungen über die jagdlichen Verhältnisse im Fürstentum Schwarzburg- Sondershausen haben neben vielen anderen zwei Quellen eine herausragende Bedeutung:

- Das Buch " Die hohe und niedere Jagd in ihrer vollen Blüthe zu Zeiten des regierenden Fürsten Günther Friedrich Carl I. von Schwarzburg-Sondershausen“. Hier beschreibt Otto von Krieger, Kammerherr und Kammerrat, Intendant des Hoftheaters sehr ausführlich die Bedeutung der Jagd im Fürstentum. In den folgenden Abhandlungen zitiere ich einige

wunderbare Berichte aus diesem Buch, da sie besser nicht dargestellt werden können ohne diese aus dem Kontext der Zeitgeschichte zu reißen.
- „Residenzen im 19.Jahrhundert“, ISBN 3-89807-055-07, Christa Hirschler, ehemalige Direktorin des Sonderhäuser Schlossmuseums schreibt über das höfische, gesellschaftliche und kulturelle Leben in Sondershausen und Arnstadt.

Aus der Fürstenzeit erstreckt sich der Zeitraum meiner Betrachtungen besonders auf die damals regierenden Grafen bzw. Fürsten:

- Fürst Christian Wilhelm von Schwarzburg Sondershausen, den ersten Fürst von Schwarzburg Sondershausen, 1647-1721.
- Fürst Günther Friedrich Karl I., geb. am 05.12.1760 in Sondershausen, gest. am 22.12.1837 auf dem Possen. Er regierte von 1760 bis 1835. Durch die sogenannte Ebelebener Revolution ist er von seinem Sohn Fürst Karl Günter, welcher ihm einen schlechten Lebenswandel und schlechte Geldwirtschaft vorwarf, abgesetzt und auf den Possen verbannt worden. (siehe Punkt 2), (die Jagd im FSS)
- Fürst Karl Günther von Schwarzburg Sondershausen, 1830 bis 1909. Mit seinem Tod erlischt die Linie Schwarzburg Sondershausen im Mannesstamm.
- Fürst Günther Victor von Schwarzburg Rudolstadt verwaltete fortan beide Fürstentümer von1909 bis 1918. Er trat als letzter Fürst des Deutschen Reiches zurück.

Auf die jeweiligen 12-jährigen Zeitepochen von 1918 bis 1933 und von 1933 bis 1945 werde ich nur kurz eingehen.
Mir ist es aber ein besonderes Anliegen, die Jagd zu Zeiten der DDR zu beschreiben. Immer häufiger erscheinen Veröffentlichungen, selbst in Fachzeitschriften, geschrieben von Personen, welche diesen Zeitraum persönlich gar nicht erlebt haben. Besonders in den Jahren nach der Wende wurde ich immer wieder von Kollegen, Jägern, Jagdgästen und Freunden, besonders aus den alten Bundesländern der Schweiz, Lichtenstein, Österreich Norwegen und Schweden, über die Jagd in der DDR befragt. In vielen Gesprächen, in geselliger Runde, nach Gesellschaftsjagden, zu Nachsuchen, Lehrgängen oder Jagdaufenthalten im Ausland spürte man meist ein echtes Interesse an den wahren Tatsachen ohne politische Verzerrungen.

Im Jahre 1966 habe ich im Rahmen meiner beginnenden forstlichen Ausbildung an der Betriebs Berufs Schule (BBS) des staatlichen Forstwirtschafts Betriebes (StFB) Roßla auf dem Rathsfeld die Jägerprüfung abgelegt. Seit dieser Zeit übe ich die Jagd ohne Unterbrechung bis heute (2024) aktiv aus. Im Verlauf der vielen Jahre habe ich als Vorstandsmitglied der Jagdgesellschaft, Jagdleiter (bis 1992 im Auftrag der Treuhand) und anerkannter Schweißhundeführer verantwortungsvoll die Interessen der Jagd vertreten. Besonders stolz bin ich darauf, dass es mir nach der politischen Wende durch meine Funktionen als Revierförster und Mitglied der Waldgenossenschaft (später deren langjährigerer Vorsitzender) gelungen ist, die Jagd gegen viele gegenteilige Versuche in den Händen der hiesigen Jägerschaft zu halten.
Persönlich ist es für mich ein großes Glück gewesen, dass in 57 Jahren mein Hobby mit dem Beruf eng verbunden war.
Schon in frühester Jugend waren mein Interesse am Wald, der Natur, der Jagd und deren weiten Umfeld sehr groß.

Es liegt wohl in den Genen, welche ich von meiner Mutter geerbt habe. Meine Oma erzählte mir, dass mein Großvater aus Esperstedt Jäger war. Er besaß viele Jagdgewehre, die 1945 nach Kriegsende an die amerikanischen Besatzer abgeliefert werden mussten. Leider konnte ich meinen Opa Hermann Ußlepp nicht kennenlernen. Er verstarb bereits im Jahre 1940. Meine Verwandten in Esperstedt erwähnten: " Wenn dein Opa wüsste, dass sein Enkel einmal Revierförster ist, hätte er eine große Freude daran".
Nach altem Germanischen Glauben heißt es ja, " die Krieger und Jäger kommen nach ihrem Tod nach Walhalla und sitzen an Odins Tafel. Einmal im Jahr brausen sie mit Lützows wilder verwegener Jagd über die Wälder", eventuell ist mein Opa ja dabei und hat seine Freude.
Für die Geldgeschenke zu meiner Konfirmation und Jugendweihe 1961 kaufte ich mir ein Luftgewehr (Knicker aus Suhler Produktion). In den 60er Jahren war es vollkommen normal, dass Jugendliche ein Luftgewehr besaßen und damit im freien Gelände das Schießen übten. Die Eltern meiner Schulfreundin Helga wohnten am Göldner in Sondershausen. Hier bewirtschaftete Fam. Schrader ein mehrere Hektar großes Grundstück mit Wald, Obstplantage, Acker und Wiesen, welche einen nicht unerheblichen Beitrag zum Auskommen der Familie lieferten. Es war also sehr willkommen, wenn die Stare von den Kirschbäumen und Erdbeerbeeten, die Eichhörnchen von den Walnussbäumen und die Sperlinge vom Hühnerfutter ferngehalten wurden.
Der Göldner war das Paradies meiner Jugend. Hier hatte ich alles, was mir zu Hause fehlte, Hunde, Nutztiere und ein großes Gelände.
Ab meinem 13. Lebensjahr begann meine Tätigkeit als Treiber (Jagdhelfer) in den Jagdrevieren Schersen und Hachelbich.

der Autor 1962

Der damalige Oberförster Paul Erfurth förderte mein jagd-und forstliches Interesse. Zu den im Winterhalbjahr durchgeführten Treibjagden fuhr ich mit dem Zug früh am Morgen nach Hachelbich. Oder der Vorsitzende der Jagdgesellschaft Adolf Holy

nahm mich in seinem Auto mit. Herr Holy führte einen Drahthaar Foxterrier, "Falk". Dieser ausgebildete und geprüfte Hund hatte seine besonderen Eigenheiten. Er nahm von Fremden kein Futter an, auch ließ er sich nicht anfassen ohne aggressiv zu reagieren. Zu meinem und seines Herren Erstaunen verhielt sich der Hund mir gegenüber friedlich und anschmiegsam. Wir hatten ein freundschaftliches Verhältnis. Dieser wertvolle Hund wurde mir anvertraut. Ich durfte "Falk" in das Treiben führen und seine Arbeit beaufsichtigen. Ich war sehr stolz.
Adolf Holy wusste als Berufsschullehrer, wie man Jugendliche begeistern kann.

3. Jagdgeschichte im Fürstentum Schwarzburg-Sondershausen

"Die Schwarzburger, eines der ältesten Adelsgeschlechter in Thüringen, gehören zu den wenigen Herrscherhäusern, die ihre Stellung als Landesherren durchgängig über die Zeit hinweg bis ins 20. Jahrhundert sichern konnten."
(Das Fürstliche Haus Schwarzburg-Sondershausen S. 5)

Nachdem der Autor in seinem Buch "400 Jahre Forstamt Ebeleben" (ISBN 978-3-9596-511-7) über eine Jagd mit Bracken im Forstort "Hagel" bei Keula und eine Hubertusjagd (Sauhatz) in einem 5000 ha großen eingegatterten Waldstück bei Oberspier am Possen berichtete, soll nachfolgend die Jagdgeschichte der Schwarzburger Fürstentümer näher beleuchtet werden.

Eine Darstellung der Jagdreviere gibt einen Einblick in den riesigen Umfang der jagdlichen Möglichkeiten.
1825 sind für die Unterherrschaft Sondershausen 15 Reviere aufgeführt: Stockhausen, Bebra, Jecha, Hachelbich, Holzengel, Oberspier, Hohenebra, Keula, Großbrüchter, Ebeleben, Allmenhausen, Rohnstedt, Clingen, Niederspier und Schersen.

1835 sind für die Oberherrschaft Arnstadt/Gehren 13 Reviere aufgeführt:
2 Reviere Gehren, 2 Reviere Breitenbach, 2 Reviere Arnstadt, 2 Reviere Langewiesen, Neustadt, Masserberg, Öhrenstock, Witzleben und Waldberg.
Fischer S.1 u. 2
Diese Aufstellungen umfassen in der Unterherrschaft große Teile der Hainleite sowie der Windleite. In der Oberherrschaft reichten die Wälder bis in die Hochlagen des Thüringer Waldes.

Als Unterkunft und zur Versorgung der zahlreichen, oft von weither angereisten Jagdgäste und zur Sicherstellung der opulenten Jagdgelage sind die Jagdschlösser "Possen", "Rathsfeld", "Gehren" und "Keula" bekannt. Noch 1878 bezeichnet Otto von Krieger das Ebelebener Schloss als Jagdschloss.
Dieses war der Lieblingsaufenthalt des Fürstlichen Waidmanns.

Jagdschloss Ebeleben

Jagdschloss Possen mit Possenturm (Internet)

*Jagdschloss Rathsfeld (*Postkarte 1965 Bild Archiv W. Wolf)

Das ehemalige fürstliche Jagdschloss Rathsfeld gehörte bis zur Wende 1989 zur Schreibmaschinenfabrik "Optima" Erfurt. Diese Schreibmaschinenfabrik war vor dem 1. Weltkrieg eine Gewehrfabrik.

Alter Karabiner aus Erfurt, Baujahr 1917, im Besitz des Autors, bis heute jagdlich benutzt

In der DDR war das Schloss ein Erholungsheim für die Betriebsangehörigen. Da ich zu Beginn meiner Ausbildung 2 Jahre auf dem Rathsfeld wohnte, kenne ich dieses Schloss sehr gut. Es war bis 1989 in einem sehr guten Zustand. Leider verkaufte es die Treuhand verantwortungslos an eine ungeeignete Käuferin. Heute ist dieses für die Schwarzburger Kulturgeschichte wertvolle Kleinod leider nur noch eine Ruine.
In neuester Zeit gibt es hoffnungsfrohe Zeichen:
Die Gemeinde "Kyffhäuser Land" ist an der Erhaltung der kulturgeschichtlich wertvollen Teile, wie zum Beispiel dem Ballsaal und der Kapelle interessiert. Das Amt für Denkmalpflege stellt Fördermittel in Aussicht.

Jagdschloss Gehren vor 1933

Von 1526 bis 1583 ist eine Wasserburg zum Jagdschloss der Grafen von Schwarzburg – Sondershausen ausgebaut worden. Am 11.09.1933 brannte die Anlage bei einem Großbrand nieder.

Bilder: Stadt-und Schloßmuseum Gehren Bildfreigabe.

Ruine nach dem Brand 1933

Das auf dem Dachboden zur trockenen Lagerung aufgespannte wertvolle Jagdzeug (Netze, Tücher, Seile und 1000 m Jagdlappen) wirkte wie Brandbeschleuniger.

Die Jagd war für die meisten Adligen die Hauptbeschäftigung. Die Fürsten von Schwarzburg- Sondershausen und Schwarzburg- Rudolstadt waren keine Ausnahmen. Als eine der mächtigsten Grafschaften/ Fürstentümer Thüringens verfügten die Schwarzburger über umfangreiche Land- und Waldbesitzungen. In diesen Gebieten besaßen die Herrschaften bis 1848 das uneingeschränkte Jagdrecht.
Ein Stab von Jagd- und Forstbediensteten, ein umfangreicher Marstall mit hunderten Jagdpferden, einem Heer von Jagdhunden und ein großes Arsenal von Jagdzeug

(Waffen, Netze Tücher, Fallen, usw.) gewährleisteten einen reibungslosen Jagdbetrieb. Der Bau und die Unterhaltung der Schlösser, Jagdhäuser und Pferdeställe in den Wäldern, die Ausrichtung großer Gesellschaftjagden über mehrere Tage mit anschließenden rauschenden Festen belasteten den Landeshaushalt schwer. Oft reizte man die finanziellen Möglichkeiten bis an die Grenze aus und überschritt diese zuweilen.
In einer langen Ahnenreihe regierender Grafen und Fürsten gab es natürlich unterschiedliche Charaktere. Von besonderer Jagdleidenschaft besessen war Fürst Günther Friedrich Carl I. (1760-1837). Er regierte ab 1794 bis 1835. Im ganzen Deutschen Reich und darüber hinaus war er als exzellenter Jagd- und Pferdekenner geschätzt. Als sportlich durchtrainierter, mutiger und draufgängerischer Reiter konnte er die schweren Strapazen des Jagdbetriebes leicht aushalten. Entsprechend seines persönlichen Vorbildes verlangte er auch von seinen Jagdgästen und Bediensteten vollen Einsatz.

Bildfreigabe
Schloßmuseum SDH

Foto H. Röttig

Fürst Günther Friedrich Karl I. von Schwarzburg – Sondershausen 1760 – 1837)

Gemälde, Öl auf Leinwand von I. C. Burghardt, 1816,

Schlossmuseum Sondershausen

In seinem 1878 veröffentlichen Buch beschreibt Otto von Krieger die Jagd in der Regierungszeit des Fürst Günther Friedrich Carl I. wie folgt:
"...in keinem Fürstenthume Deutschlands ist die Jagdkunde und das Waidwerk mit einer so gründlichen und systematischen, ja wissenschaftlichen Kenntniß und einem solchen eingehenden Studium geübt wurde, wie in Schwarzburg."
(Die hohe und niedere Jagd im Fürstentum Schwarzburg Sondershausen, Vorwort)

In der Außenpolitik konnte Fürst Günter Friedrich Carl I. große Erfolge erreichen. Mit geschickter Diplomatie bewahrte er das Fürstentum vor hohen Contributionszahlungen an das napoleonische Frankreich. Auf dem Wiener Kongress behauptete er

seine souveräne Stellung als Fürst und somit den Bestand des Fürstentums gegen den Widerstand der mächtigen sächsischen Wettiner.
Als er von seinem Sohn als regierender Fürst zum Rücktritt gezwungen wurde, hinterließ er den Staatshaushalt schuldenfrei.
"Bleibende Verdienste erwarb sich Fürst Günter Friedrich Carl I. mit der Gründung eines Hautboisten - Ensembles " und mit der Gründung des Hoftheaters zu dem ein fest engagiertes Ensemble gehörte.
Die häufig wechselnden Mätressen des Fürsten, die finanzielle Sicherstellung dieser und deren Nachkommen kosteten dem Fürstentum nicht nur hohe Geldsummen, es wirkte sich auch auf die Moral der Sondershäuser Bürgerschaft aus. Ein Zitat schildert die Zustände besser als ich diese beschreiben könnte:

"Während meines Aufenthaltes in Sondershausen im Winter 1811-1812 ging auch eine Veränderung im Harem des Fürsten vor. Er war der beiden Mätressen übertrüssig. Eine andere hatte sein Herz bereits gefesselt. Sie mußten beide das Schloß räumen und konnten nun über das ihnen kontraktmäßig gesicherte Kapital disponieren, das sie für die Aufopferung ihrer Ehre und Tugend als Entschädigung erhalten hatten".
"Der Hofjäger Hesse ein wackerer braver Mann, wurde von dem Fürsten angewiesen, die emeritierte Mätresse Adam zu heiraten. Als er sich weigerte, diese Ehe ein zu gehen, drohte ihm der Fürst mit dem Abschied. Hesse, ohne Vermögen und nicht mehr jung, mußte seine Ehre der politischen Existenz zum Opfer bringen und heiratete wider Willen und Überzeugung eine Person, die ohne körperliche und geistige Reize einem Fleischklumpen glich, der jeden für Sittlichkeit empfänglichen Menschen mit Ekel erfüllen mußte." Mit dieser heillosen Mätressenwirtschaft ging der liederliche, sittenlose Lebenswandel der Bürger von Sondershausen Hand in Hand. Sie schätzten es sich zur Ehre, ihre Töchter zur Befriedigung der fürstlichen Lüste auserwählt zu seien und nahmen keinen Anstand den Anträgen Sr. Durchlaucht zu willfahren.
" 7 Residenzen im 19. Jahrhundert S. 52
(aufgeschrieben durch Franz Freiherr von Soden."Erinnerungen Schwarzburg Sondershausen.") Leutnant v. Soden diente ab 1811 im Schwarzburger Militär.

Aus einer Kurzbiographie kann man schließen, dass der oben erwähnte Hofjäger Hesse noch mit einer Beförderung belohnt wurde. Er wird in dieser Biographie als Fürstlich Schwarzburger Oberförster in Keula bezeichnet. Johann Ludwig Hesse, Fürstlicher Oberförster in Groß-Keula. 17.01.1812 in Sondershausen mit Christiane Maria Elisabetha Adam verheiratet. Tochter von Friedrich Adam, Schneider u. v. Maria Susanna geb. Resecke. *Residenzen im 19. Jahrhundert S 248*

Diese absolutistisch patriarchalischen Verhältnisse waren nicht mehr zeitgemäß. Nicht nur sein Sohn Günther Friedrich Carl II. nahm daran Anstoß. Eine Auseinandersetzung um Verfassungsfragen löste eine Staatskrise aus. Diese endete mit der Abdankung des Fürsten Günther Friedrich Carl I. Er lebte fortan bis zu seinem Tod im Jagdschloss auf dem Possen.
Durch die sogenannte "Ebelebener Revolution" 1835 übernahm sein Sohn Günther Friedrich Carl II. (1801-1889) die Regierung.
Wie bereits beschrieben, war die Jagd über Generationen die Hauptbeschäftigung des Adels. Es ist also logisch, dass aus dem Laufe der Jahrhunderte eine Vielzahl von Quellen erhalten sind. Für meine Abhandlung habe ich nur einige interessante

Begebenheiten ausgewählt, um die herausragende Bedeutung der Jagd in jener Zeitepoche zu dokumentieren.

3.1. Rotwildtransport aus der Hainleite nach Gehren

Ein sehr schwieriges und aufwendiges Unternehmen war ein großer Rotwildtransport aus der Hainleite in die Oberherrschaft Arnstadt nach Gehren.

Als Quelle gibt Kurt Lindner in seiner Veröffentlichung: Beiträge zur Jagdgeschichte Schwarzburg Sondershausen, die Museums Bibliothek Sondershausen an. Er weist daraufhin, dass er über die Durchführung dieses Transportes außer des Berichtes vom damaligen Jagdzeugmeister Kobert keine weiteren Zeugnisse gefunden hat.

Von seiner Hochfürstlichen Durchlaucht, dem regierenden Fürsten von Schwarzburg-Sondershausen, wurde im Dez. 1808 der allerhöchste Entschluss gefasst, ein Wildgatter um die fürstlichen Waldungen in der Oberherrschaft Gehren zu bauen.
Der Hofverwalter Gerlach erhielt den Auftrag nach Gehren zu reisen. Gerlach hatte die Instandsetzung des dortigen Schlosses, welches seit 68 Jahren nicht von der fürstlichen Familie bewohnt war, zu organisieren.
Das in Gehren, im Auftrag des Fürsten Günther Friedrich Carl I., neu gebaute Wildgatter war 3 m hoch, hatte einen Umfang von einem Tagesritt und soll 10 000 Taler gekostet haben. In diesem Gatter errichteten die Handwerker der Umgebung 12 große Futterstellen für das aus Sondershausen erwartete edle Hochwild.

Eine von 12 Futterstellen im neuen Wildgatter Gehren
(Stadtarchiv Gehren- Leihgabe im Stadt- und Schloßmuseum . Foto: G. Beyer Bildfreigabe)

Dieses teure Projekt, ausgeführt in der Zeitepoche als halb Europa unter napoleonischem Einfluss stand, hohe Kontributionen erstattet sowie junge Männer in großer Zahl zum Militärdienst berufen wurden und Einquartierungen durchziehender

Truppen die Bevölkerung schwer belasteten, kürzte der Fürst die Kosten für die Jagd keineswegs.
Im Juni 1809 wollte der Fürst den Transport des edlen Wildes von Sondershausen nach Gehren selber leiten und zu diesem Zweck für einige Zeit in Gehren verweilen. Anfang Juni reiste er mit einem großen Gefolge nach Gehren und residierte dort, um den weiteren Fortgang der Wildumsiedlung persönlich zu überwachen.

Inneneinrichtung Jagdschloss Gehren

Das fürstliche Gefolge, welches nach Gehren reiste, wird in einer langen Liste, angefangen beim Minister von Weise, bis zum Kellerjungen, Barbier, Frisör und Garderobiere aufgeführt.

Berühmte Geweihsammlung im Gehrener Jagdschloss
(Beide Bilder ,Heimat und Schloßmuseum Gehren. Bildfreigabe)

In den Wäldern der Hainleite begann ab 9. November 1809 das Einfangen mit Fangnetzen und das Einstellen des Rotwildes durch Jagdjungen. Die Leitung des Einfangens war dem Oberforstaufseher Kühnert, die Beschaffung der Tücher und Fangnetze Forstmeister Kobert und 5 Zeugwärtern übertragen. Es waren 1 Wagen

Tuchlappen, 6 Wagen Jagdzeug und 1 Wagen Fangnetze erforderlich. Bis Januar 1810 waren 600 Stück Rotwild eingefangen und mit Pferdegespannen, Ochsen-karren und Schlitten nach Gehren überführt. Leider sind für den ca.100 km langen Transport über eventuelle Verluste von Wild keine Angaben überliefert. Die für den Wildtransport verwendeten Transportwagen werden wie folgt beschrieben: Auf den Wagen befanden sich aus starken Bohlen gefertigte Kisten, welche je ein Tier auf-nahmen.
Im Possengebiet verblieben über 100 Stück Rotwild.
Damit war die Aktion Gehrener Wildgatter aber noch nicht abgeschlossen.

Am 3. Februar 1810 begann erneut ein Transport mit Jagdgerätschaften, bestehend aus 1 Wagen Tuchlappen und 5 Wagen Netzen von Sonderhausen nach Gehren. Aus den ungegatterten fürstlichen Revieren Untergehren, Ober -und Unterbreitenbach, Masserberg und Langewiesen, kam das Rotwild nach dem Fang in das neue Wildgatter.
Die benötigten Zugtiere und die dazu notwendigen Führer stellten stationsweise die fürstlichen Domänen. Das notwendige zahlreiche Personal hatten die jagdfronpflichtigen Dörfer zu stellen. Oft waren 500 bis 700 Jagdfronpflichtige im Einsatz.
Die ersten Jagden im neuen Gehrener Wildgatter fanden in den Monaten Juli und August 1810 und 1811 statt und dauerten je volle 4 Wochen. Die Bewirtung der illustren Jagdgäste des hohen Adels erfolgte nach einem erlebnisreichen Jagdtag mit erlesenen Speisen und Getränken. Rauschende Bälle, die mitunter bis spät in die Nacht anhielten, bildeten den Tagesabschluss. Veranstaltungen des Hoftheaters und des Fürstlichen Loh Orchesters waren keine Seltenheit. Anlässlich einer solchen Veranstaltung komponierte der Hofkapellmeister für den sehr Musik liebenden Fürsten und seine Gäste einen *„Schweinsmarsch“* und den *„Schwarzburger Jägermarsch“*.

Es wird der Ablauf einer Schwarzburger Hofjagd beschrieben, welche vom 15.07.1764 bis zum 26.7.1764 stattfand. Die dargestellte Planungskarte stellt nur einen Teil der Jagd dar. Nach meiner Deutung bezieht sich die unten angegebene Strecke nur auf den 26.07.1764.
Die dargestellte Planzeichnung und die dazugehörige Beschreibung der Abläufe gibt einen Einblick, mit welch großem Aufwand das Jagd– und Forstpersonal solche Hof-jagden plante und durchführte.

Anlage zum Jagdplan und der Karte

"Hirschjagd im Singener Forste in dem sogenannten Hirsch Winckel unter der Direktion des Herren Oberjägermeister von Holleben ist gemacht worden, es wurden in den selben erlegt 48 Hirsche 26 alte Thiere und 15 Wildkälber."

Jagdplan: Hirschjagd im Singener Forst

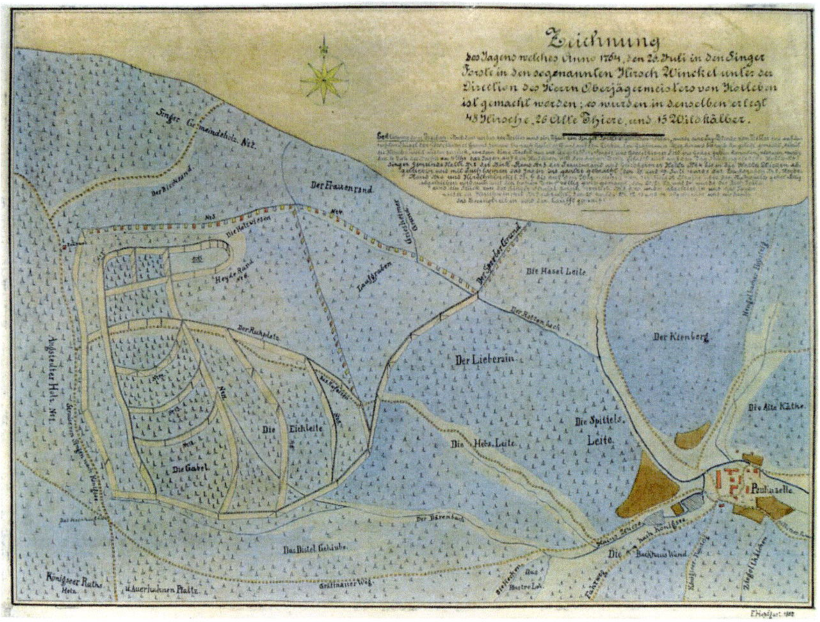

Original bei Revierförster Michael Wolff, Kopie im Archiv des Autors.

Erklärung der Treiben:

„Nachdem vorher der Zeller und ein Theil vom Singer Forste abgetrieben worden war, wurde eine Tagblende vom Zeller aus zum rechten Flügel den Gösselborner Grund hinauf bis nach Gailsdorf und auf der linken den Gräfinauer Weg hinauf bis nach Angstedt gemacht, damit die Hirsche nicht wieder zurück, sondern diese Nacht nur ins Angstedter, Singener und Gösselborner Feld ins Geäse gehen konnten, alsdann wurde den 16. Juli des Nachts um 10 Uhr das Jagen auf dem Hufeisen mit hohen Zeug gefaßt und auf den Tag das Angstedter Holz Nr.1,Singer Gemeinde Holz Nr.2,
der Birk Rand Nr.3, der Frauenrand und Griesheimer Holz Nr.4, bis in die Holzwiese Abgetrieben und mit Tuchlappen das Jagen ins gantze gebracht, den 18. und 19 Juli wurde der Laufgraben Nr.9, Heyderand Nr.6 und Hirschwinkel Nr.7 bis auf den Weg welcher von der Singener Straße über den Ruheplatz geht völlig abgetrieben und nun mit hohen Zeug völlig gartz gemacht, den 20.,21.,23.,und 24.,wurde die Eichleite und ein Stück von der Singer Straße herein nämlich Nr.8,9,10 und 11 abgetrieben und das Jagen wieder in Hirschwinkel Nr. 7 gebracht, den 25. wurde Nr. 12,13,und 14 abgetrieben und als dann das Zwangtreiben und der Laff gemacht."

3.2. Rotwild Umsetzung von der Windleite in die Hainleite

Ein Ereignis von bedeutend größerer jagdlicher Wichtigkeit war jedoch das Umsetzen des Rotwildes von der Windleite in die Hainleite über das Wippertal. In den Forsten der Windleite besaß und besitzt die Stadt Sondershausen große Waldflächen- das sogenannte Bürgerholz.

"Damit das zu zahlreich vorhandene Rotwild den Waldungen meiner lieben Bürger keine Schaden mehr zufügt" soll es in ein bereits leergeschossenes Schwarzwildgatter von 24000 Morgen (= 6000 ha) in den Possenwald umgesetzt werden. Dieses Areal mit einem Umfang von 12 Wegestunden war mit festen Eichen- und Fichtenbohlen umzäunt.
1820 begannen Handwerker, Fröner und ein Teil der Fürstlichen Leibgarde sowie das Forst- und Jagdpersonal den bis in alle Einzelheiten vom Fürsten persönlich ausgearbeiteten Plan umzusetzen. Der Fürst, welcher nie vor einer Gefahr oder Schwierigkeit zurück schreckte, leitete die 3- wöchigen schweren Arbeiten, welche in den Monaten Ende August bis Mitte September zur Ausführung kamen, persönlich. Bei Tag und in der Nacht ruhten die Arbeiten nicht. Der Brückenbau, des eigens zu dem Zweck konstruierten breiten Wipperüberganges, war der Anfang. Diese Brücke belegten die Arbeiter mit groben Rasenblacken. Die Seiten, die aus groben Stangen und Bohlen bestanden und mit Bäumen und Sträuchern verblendet waren, gaben den Lauf vor. Für die Einzäunung des Laufes von der Windleite durch das Wippertal bis in die Hainleite sind 6 vierspännige Wagen mit hohen Zeug (Netze) und 2 Wagen mit Lappen erforderlich gewesen.
Im Bürgerholz konzentrierte die Jägerei das gesamte Hochwild an mehreren Tagen in vorbereiteten Boxen. Aus diesen mit Netzen und hohen Tüchern gesicherten Abschnitt trieben die Jagdbediensteten das Rotwild mit Gewalt in trichterförmige Läufe. Der Fürst höchst persönlich und die gesamte Jägerei leiteten die Prozedur zu Pferd. Es war zwingend erforderlich, das so eingestellte Wild mehrere Tage und Nächte zu bewachen Für die nächtlichen Wachfeuer war eine große Menge Brennholz bereitgestellt. Durch Hörnerklang angezeigt, flohen Rudel von hundert und mehr Stück in schneller Flucht durch das beidseitig abgesperrte Wippertal in die Hainleite. Der Lauf war etwa 50 m breit. Die Ankunft des Wildes im Wald der Hainleite ist ebenfalls durch Hornsignal signalisiert worden. Die Fanfaren verkündeten den Abgang und die Ankunft der Rudel. Das erste Rudel bestand aus 60 Tieren. Ein weiteres Rudel von 157 Stück durchlief die Bahn in 7 Minuten. Die Umsiedelung des etwa 500 bis 600 Stück großen Wildbestands ist laut Überlieferung ohne nennenswerte Unfälle und andere Vorkommnisse abgelaufen. Ein großes Publikum von Sondershäuser Bürgern konnte als Zuschauer an dem in der Jagdgeschichte wohl einmaligen Ereignis teilhaben.
Der Bau und die Unterhaltung der zahlreichen Schlösser und Jagdhütten sowie sonstiger jagdlicher Einrichtungen forderten vom Staatshaushalt kostspielige Aufwendungen. Für sein Hobby scheute der Adel keine Kosten.
In einer Zeit, als es noch keine Eisenbahn gab und das Straßennetz schlecht war, lohnte es sich nicht, dass geladene Gäste wegen eines Jagdtages weite, beschwerliche Reisen unternahmen. Es war daher üblich, für mehrere Wochen und länger einzuladen.
Die praktische Ausübung und die Anwendung bestimmter Jagdmethoden richteten sich nach den jeweiligen technischen und den finanziellen Möglichkeiten, war aber auch dem jeweiligen Zeitgeist geschuldet. Der technische Fortschritt in der Bewaffnung spielte ebenfalls eine große Rolle. Die körperliche Fitness und das Alter der

jeweiligen Jagdherren beeinflussten die Jagdmethoden ebenfalls. Jagden im Gebirge, Reitjagden und die Erlegung gefährlichen Wildes wie Keiler und Bären setzte immer eine gute körperliche Konstitution voraus.

3.3. Parforcejagden

Im 13. und 14. Jahrhundert waren Parforcejagden in Mode. Beispielgebend war der französische Königshof in der Regierungszeit des Sonnenkönigs Ludwig des XIV. (1638-1715). Der Hochadel Europas, nur dieser konnte sich die riesigen Aufwendungen leisten, oder tat so als könne er es, eiferte ihm nach.
Zum besseren Verständnis der jagdunkundigen Leser: Eine Parforcejagd lief wie folgt ab: Der Leithund arbeitete die Fährte eines bestimmten kapitalen Hirsches oder Keilers bis zum Finden des Stückes aus. Er wurde von einem besonders geschulten Leithundeführer (Besuchsknecht) an langer Leine geführt. Der Hund ist so ausgebildet, dass er nur die Fährte dieses Einzelstücks mit fast 100% Sicherheit verfolgt. Ist der Hirsch oder Keiler gefunden (bestätigt), wird die bereitstehende Hundemeute, bestehend aus Hetzhunden und Packern geschnallt. Alle Gäste sowie die Jägerei folgen den Hunden zu Pferd. Die Jagd beginnt. Diese Jagd findet in freier Wildbahn statt und fordert allen Teilnehmern, Pferden und Hunden alles ab. War das gehetzte Wild von den Hunden gestellt, schlug ein hirschgerechter fürstlicher Jäger dem Wild mit dem Hirschfänger die Sehnen an den Hinterläufen durch, so dass es nicht mehr entkommen konnte. Durch ein Hornsignal (Fürstenruf) verständigt, eilte der Jagdherr (König o. Fürst) herbei. Nur er durfte dem Wild mit dem Hirschfänger oder der Saufeder den Fang (Todesstoß) geben.
Den Ablauf einer Parforcejagd im Fürstlichen Revier Bebra stellt Krieger wie folgt dar:
"Der hohe Herr ließ 1804 ein Jagdhaus, den s. g. Rittersporn in der Hainleite, auf dem nächsten Wege zwischen Sonderhausen und Schernberg gelegen, für die Parforcejagden einrichten. *Auch wurde zur Bequemlichkeit der Jägerei bei den jedesmaligen Jagden Zelte nebenbei aufgerichtet. Von dem Jagdhause aus wurden Stallungen* (Sichtschneisen im Waldbestand) *und eine alleeartige Linie zum Observieren durch den Wald geschlagen, damit der gehetzte Hirsch von der hier versammelten Hof- und übrigen Jagdgesellschaft gesehen werden konnte, wenn er von der Meute verfolgt, diese breite Stallung passierte.*
Der Auszug zur Jagd zeigte ein interessantes, malerisches Bild. Ein Theil der Reitknechte ritten mit den Relaispferden voraus, ihnen angeschlossen befanden sich Reservehunde, welche auf bezeichnete Stationen im Wald vertheilt wurden.
Bei der Ankunft des hohen Jagdherren, umgeben von seiner gesamten Jägerei, am Rendezvous Platze, wurden die Fanfaren geblasen. Den Parforcejägern wurden *Stöcke mit oder ohne grüne Schale überreicht, je nachdem der Hirsch bereits gefegt hatte oder aber noch Bast an dem Geweih trug. Diese Stöcke waren bestimmt, um die hemmenden Zweige beim Reiten zu entfernen. Bei den Parforcejagden des hochseligen Herrn war das Ceremoniel mit nur 12 verschiedenen Fanfaren eingeführt. Durch Signale wurde der Gang der Jagd, auch die verunglückte Fehljagd, die oft sehr schlechte Laune beim gnädigen Herrn hervorrief, avisiert.*
Den von den Hunden gestellten Hirsch schoß der hohe Jagdherr in der Regel mit einer kurzen Büchse mit fußlangem Rohr in nächster Nähe vom Pferd herab, auf den Kopf oder er benutzte auch hierzu Pistolen, welche er in seiner Satteltasche führte. Nur einen starker Hirsch pflegte er mit dem Hirschfänger abzufangen, nachdem er zuvor von den Piqueuren war geheeset worden. Bei dieser Gelegenheit schrieb das

Ceremoniel vor, daß alle Jäger den Hirschfänger zücken mußten, d.h. den Hirschfänger einige Zoll hoch in der Scheide lüften." Krieger S. 55 u. 56

Während dieser Zeit sammelte die Jägerei die jagenden Hunde mit Hornsignal. Die Meute erhielt ihren verdienten Lohn, das sogenannte Curee. Dieses bereiteten die Jäger wie folgt zu: Das klein geteilte Wildbret verbarg man unter der Hirschhaut. Wärend die Piqueure die Hunde mit dem Hornsignal Anjagd zum Curee führten, fuhr ein Jagdknecht mit dem geweihbestückten Haupt des erlegten Hirsches immer wieder zwischen die Meute. Beim Erreichen der Hirschdecke ist durch abziehen derselben das Curee freigegeben worden.
Verstöße gegen die strenge höfische Jagdordnung durch Teilnehmer belegte man mit der Strafe des Pfunde gebens. Folgende Zeremonie nahm ihren Lauf: Der Delinquent gab seinen Hirschfänger ab, legte sich über einen Hirsch oder eine Sau. Je nach seinem Rang vollzog der Oberjägermeister, Forstmeister oder der erste Hofjäger unter der Erheiterung der ganzen Jägerei die Strafe, welche aus 3 Schlägen mit dem blanken Hirschfänger auf das straffe Hinterteil erfolgte. Beim ersten Pfund sprach der Vollziehende „Ja Ho, das ist für meinen gnädigen Fürsten und Herren“ beim zweiten Pfund „Ja Ho das ist für Ritter und Knecht“ und beim dritten Schlag „Ja Ho das ist für das edel Jägerrecht“. Während der Bestrafung blies die Hornmusik und die gesamte Jägerei zückte den Hirschfänger. Der Bestrafte bedankte sich für die gnädige Strafe und schnallte seinen Hirschfänger wieder um. Anlässlich dieser großen Hofjagden war entsprechend dem Reglement für das gesamte Jägerpersonal, vom Oberjägermeister bis herunter zu den Hundewärtern, das Tragen der Jagduniform mit allem reichhaltigen Zubehör vorgeschrieben. Für die Pferde kamen nur das beste Sattelzeug und die besten Geschirre in Benutzung. Selbst die Hunde hatten prachtvolle Halsungen.

Nach Beendigung solcher Jagdtage gab es im etwa 1500 Personen fassenden Rittersaal oder im Hoftheater des Residenzschlosses ein pompöses Jagdessen.

Jedem Leser wird spätesten nach der Kenntnis dieses Absatzes klar sein, das die Organisation und die Ausführung einer solchen Jagd nicht aus dem Ärmel zu schütteln war.
Grundvoraussetzung war: Das gesellschaftliche Umfeld musste stimmen.

Die Jagd in all ihren Fassetten war über Jahrhunderte das Hobby und die Hauptbeschäftigung des Adels. Nicht nur die finanziellen Aufwendungen mussten, in welcher Form auch immer, erwirtschaftet werden. Auch die Bereitstellung benötigter zahlreicher Hilfskräfte, oft über Wochen hinaus, bedurfte einer Regelung.
Diese Frondienste für die Landesherren waren gesetzlich geregelt.

Nachdem in der Vergangenheit die dienstpflichtigen Gemeinden ihren Pflichten nicht in gebührendem Umfang nachgekommen sind, erlies der Fürst eine neue Verordnung.

Diese neue Jagddienst Ordnung trat am 28.Oktober 1809 für alle zum Fürstentum Schwarzburg gehörenden Kommunen in Kraft und regelte mit 15 Paragrafen alle Belange der Jagdfron.

In verkürzter Form soll dargestellt werden, welch hohe Anstrengungen die Fürsten der Bevölkerung abverlangten:

Wir, von Gottes Gnaden befehlen.

Dienstpflichtig waren alle Männer und Burschen ab 16 Jahren bis zum 60 Lebensjahr. Der Ortsschulze, der Gerichtsschöppe sowie 2 Spritzenleute waren dienstfrei. Dienstpflichtige, welche durch ein von den Geschworenen erstelltes Attest ihre Gebrechlichkeit nachweisen konnten, waren befreit, mussten aber auf ihre Kosten einen Dienstmann stellen. Bei erbrachtem Beweis, von notorischer Armut (Zeugnis des Schulzen) waren diese armen Teufel befreit.
Die Schulzen haben bis zu Beginn der Jagdzeit (vor Bartholomäus) alle dienstpflichtigen Bewohner ihres Ortes dem Forstkollegium jährlich schriftlich zu melden. Erfolgt die Meldung nicht zeitgerecht waren 5 Rthr. Strafe fällig.
Der Paragraf 14 listet die zu leistenden Dienste detailliert auf:

"§14

Alle dienstpflichtigen Ortschaften haben bei Lust-, Treib- und Schweins-Jagden, sowie auch beim Wildpretseinfangen, die Herrschaftlichen Jagdzeugwagen, es mögen hohe oder niedere Zeuge oder Netze sich darauf befinden, an dem Tage , wo sie der Dienst trifft, so weit zu fahren als es für nöthig befunden wird, und wenn sie auch hierbei mehrere Jagdreviere zu passieren haben sollen. Diejenigen Anspänner, auf deren Jagdrevier die Jagd aufhört, müssen die Zeugwagen nach dem Zeughof wieder zurückfahren, der hiesige Magistrat muß bei Abfahrung der Zeuge und Netze vom Zeughofe einen sechspännigen Wagen stellen und diesen mit Zeug beladen. und mit sechs Pferden bespannt an den Ort der Bestimmung fahren. Sollten nun einige der Ortschaften dieser Unserer Anordnung keine gebührende Folge leisten, oder sich wenn sie sich zu diesem Dienst geboten werde nicht gehörig einfinden, so sind selbige nicht allein fünf Rthr. Strafe zu erlegen, sondern auch außerdem noch diejenigen Anspänner, welche die Fuhren, wegen ihres Außbleibens, für sie haben übernehmen müssen. "

Wer annimmt, mit den beschriebenen Pflichten sei es genug, wird eines Besseren belehrt. Nach Paragrafen 15 sind die fronpflichtigen Untertanen auch noch verpflichtet, das erlegte Wildbret in die Wildkammern zufahren.

Die auferlegten Pflichten der zu erledigenden Arbeiten waren noch nicht genug!
Im Paragraf 13 ist die Verköstigung der Jägerei geregelt:

§13"

Sollen diejenigen Gemeinden, welche die Reihe trifft, bei Lust und Treibjagden, Schweinsjagden, Wildbretseinfangen und sonst unsere Jägerei reichliche und gute Beköstigung verabreichen, und deshalb zu keinen Bescherten Veranlassung geben. Uebrigens überlassen denen Communen ,ob sie bei diesen Jagden gemeinschaftlich für die Beköstigung sorgen und alsdann desfallsigen Kosten unter einander repartieren wollen, wie solches auch ehemals schon von ihnen geschehen ist. Insofern aber eine Gemeinde oder die andere Gemeinde die Speisung nicht gehörig geben oder wohl gar einmal unterlassen sollte, so hat solche zu gewärtigen, daß sie die an diesem Tage, wo ihr die Beköstigung oblag, aufgelaufene Speisungskosten zu vergüten hat."

Es ist kein Wunder, dass Beschwerden bei seiner Durchlaucht eingingen. 8 Jahre später, im Januar 1817, reagierte seine Exzellenz mit einer Änderung.
Wir von Gottes Gnaden Günther Friedrich Carl souverainer Fürst zu Schwarzburg ec. haben uns gnädigst bewogen gefunden:

Zu den im § 7 freigestellten Personen noch:
"1. die Schäfer und deren Knechte ganz und gar
2. die Hirten, solange die sie ihnen anvertrauten Viehherden zur Weide austreiben,
3. die Dienstknechte auf den Fürstlichen Gütern,
4. Bäcker und Brauer, insofern sie an dem zur Jagd bestimmten Tag backen oder brauen müssen
von den Jagddienst frey zu stellen."

Der Heimatforscher Arthur Lauterbach aus Großbrüchter hat 1975 im Landesarchiv Sondershausen eine Landes Teilungsakte (Nr. 7 S. 14-34) eingesehen und deren Inhalt dokumentiert. Aus einer aus dem Jahre 1552 erhaltenen Erbfolge Urkunde hat der Graf Heinrich XXX I die Unterherrschaft willkürlich in zwei Teile geteilt. Es ist ein schönes Beispiel, welche Vorwerke, Schlösser oder Domänen für die Überwachung der Frondienste und die Lieferung von Naturalabgaben verantwortlich waren.
Sein 1. Sohn, Graf Günther XL., erhält die Herrschaft Sondershausen.
Sein 2. Sohn, Graf Heinrich XXXIV., erhält die Herrschaft Frankenhausen.
Das Schloss in Keula gehörte, vollkommen aus seinem Verband herausgerissen, zu Frankenhausen.
Die Dörfer über Keula, Niederkeula, Thalheim, Großmehler, Urbich, Großbrüchter, Kleinbrüchter, Toba und Wiedermuth waren dem Amt Keula zins- und frondienst–pflichtig.

Im Protokollbuch der Gemeinde Großbrüchter sind folgende Aufzeichnungen über Jagddienste aktenkundig:

"1678/79	*Am 14.,15. und 17 November jagen die Jäger hier, die Gemeinde gibt ihnen Essen und Trinken.*
1680/81	*Der Oberförster von Keula veranstaltet am 15.bis 17.11 die Jagd. die Gemeinde muß aus diesem Anlaß 5 Rth 5 Gr. an Brandweihn bezahlen, ebenso das Pferd gefüttert werden.*
1681/82	*Der Oberförster jagd im Giebelfuß im Dezember*
1683/84	*der Oberförster von Keula mit seinen Jägern jagd im Steinweg und müssen verpflegt werden. Am 25.und 26. Okt., Ebenso am 16.11.*
1685/86	*Am 2.11. im Steinweg, die Gemeinde läßt ihnen Essen und Trinken für 9 Gulden 7 gr hinaus ins Holz tragen.* am 3. und 4. jagen die Jäger in unserem *Wald und bekommen Essen und trinken.*
1691/92	*20. bis 30. Oktober 4 Rth., 14 Gulden als der Oberförster mit seinen Jägern hier war."*

Volker Lauterbach Großbrüchter.

Außer der Jagdfron mussten die Bauern Hand –und Spanndienste leisten und Naturalabgaben liefern. Die pflanzlichen und tierischen Produkte sicherten die gräfliche Hofhaltung für das ganze Jahr.
Naturgemäß fanden die Jagden im Herbst statt, also in einer Zeit, in welcher die Ernte sowie die Herbstbestellung noch nicht abgeschlossen waren. Es bedarf keiner großen Überlegung, um zu erkennen, welche Lasten diese Pflichten einer bäuerlich geprägten Bevölkerung auferlegten.

Ein ausreichendes geschultes Jagd- und Forstpersonal.

Anfang des 19. Jhd. waren folgende höhere Beamte und Angestellte im Sondershäuser Fürstlichen Jagd- und Forstdienst tätig:

1	*Oberstallmeister*	*2*	*Wildmeister*
1	*Oberjägermeister*	*3*	*Oberpiquere*
1	*Oberjägermeister*	*3*	*Piqeure*
2	*Oberforstmeister*	*1*	*Leibjäger*
2	*Forstmeister*	*6*	*Büchsenspanner*
2	*Forsträthe*	*1*	*Zeugmeister*
1	*Jagdjunker*	*1*	*Rüdemeister*
2	*Stallmeister*		*mehrere Hunde Wärter,*
2	*Oberbereiter*		*Hundejungen, Zeugknechte.*
1	*Stallinspektor*		
1	*Bereiter"*		

Krieger S. 48

Für die Jahre um 1820 sind die oben aufgeführten 3 Oberpiquere namentlich bekannt: Krayn, Broe und Hesse. Oberforstmeister Krayn *gehörte dem* Parforcejagdpersonal in Gehren an. Nach einigen schweren Stürzen vom Pferd übernahm er als Fürstlicher Wildmeister den Keulaer Forst. Der Fürst betraute diesen hochverdienten Forstbeamten danach mit der Leitung der fürstlichen Reviere im Thüringer Wald.

Oberförster Hesse ist der "Glückliche", welcher die ausgediente Mätresse des Fürsten heiraten durfte. (oben im Text beschrieben).

Briefkopf Verein Hirschmann e.V.

Saufedern: Nachbildungen damals gebräuchlicher Waffen, selten auch heute noch bei Nachsuchen verwendet.
Alle drei Waffen sind in der Immenröder Schmiede gefertigt worden.

Die rechte Waffe schmiedete Anfang der 1970 er Jahre Schmiedemeister Gerhard Hartung im Beisein des Autors.
Die linke Saufeder sowie die mittige (ohne Schaft) fertigte sein Sohn Schmiedemeister Baldur Hartung im Jahre 2023 an.

Deutsches Jagd und Fischerei Museum München (Bildfreigabe)

Luxus Jagddegen: zur Repräsentation

3.4. Ausbildung des Forst- und Jagdpersonals

Wie aus vielen Quellen ersichtlich, ist auf die Ausbildung der Forst- und Jagdbeamten im Fürstentum Schwarzburg großer Wert gelegt worden. Alle Förster und Jagdbediensteten erhielten, neben der normalen fachlichen Ausbildung, von Stallmeistern und Bereitern einen gediegenen Reitunterricht.
Nach einer 3 jährigen Ausbildung und bestandener Prüfung waren die Jägerburschen wehrhaft, das heißt, sie erhielten den Hirschfänger und den Jägerbrief. Es waren fortan Hirschgerechte Jäger. Ein Hirsch- und fährtengerechter Jäger musste die Abführung und das Nachhängen der Fährte der Leit- und Schweißhunde beherrschen.
Otto von Krieger stellt in seinen Buch von 1878 den Jägerbrief seines Vaters, des Geheimen Kammerrathes von Krieger auf Peukendorf bei Sondershausen vor. Dieser hatte die hohe Ehre die fürstlichen Parforcejagden und Sauhatzen mit zu reiten.

"Auszug aus: Instruction für die Jägerburschen

§ 9

Jeder Jägerbursche soll nachsehen, daß die Schäfer und Hirten, auch die Unterthanen ihre Hunde mandatmäßig Knittel, Schleifstöcke und Halsbänder mit Hausnummer oder Namenszug anhängen und daß kein Hund, es sei mit oder ohne Knittel, im Feld herumlaufe und jage, welchen Falls derselbe diese Hund totzuschießen wohl befugt, jedoch solches, wenn ihm der Eigentümer des hundes bekannt ist, bei dem fürstl. Forst Collegio zur weiteren Untersuchung durch den Revierförster anzeigen zu lassen, verpflichtet sein soll.

§ 10

Jeder Jägerbursche soll darauf sehen, daß die Hegezeiten überall in Acht genommen und die herrschaftliche Wildbahn nirgens beeinträchtigt werde. Wenn derselbe aber insonderheit

§ 11

einen Wildbretsdieb oder Raubschützen betreffen würde, so soll solchen, wenn er ihm zuvor das Gewehr abgenommen ,sofort arretieren, und in dem nächsten Dorf der Landmilitz zum weiterem Transport übergeben, im Fall sich aber ein Wildpretsdieb oder Raubschütze auf flüchtigen Fuß begäbe und sonst kein anderes Mittel ihn zum Stand zu bringen vorhanden wäre, so soll er sich dessen im Notfalle durch einen Schrotschuß zu bemächtigen, suchen, wogegen er sich jedesmal, wenn er einen Wilddieb oder Raubschützen einbringet, des dermaligen gnädigst bestimmte Geschenkes zu erfreuen hat.

§ 12

Darf der Jägerbursche, wenn ihm allenfall von dem Revierförster der Holzverkauf mit anvertraur würde, nichts mehr als den taxmäßigen Preis annehmen, und bei schwerer Ahndung kein Holz eigenmächtigerweise verkaufen oder verschenken, noch sonst verpartieren, und keine Herrschaftlichen Gelder unterschlagen oder veruntreuen, sondern muß alles treu, pünktlich redlich und ordentlich berechnen.

§ 13

Dafür erhält er vom Revierförster, in dessen Dienst er angewiesen ist, Logis, Holz, Licht, so viel zu seinem bedarf nöthig , freie Kost und monatlich 2 Rthr.12 Gr., zusammen jährlich 30 Rthr. Gehalt an baren Geld. Ingleichen für die selbst betroffenen Forst- und Jagdfrevler und von den deshalb gemachten Anzeigen erhält der Jägerbursch die vorschriftsmäßigen Anzeigen Gebühren oder die dem Anzeiger bei der bestimmten Strafgelder. Wegen der Aufsicht über die Arbeiterbei der Forstkultur erhält derselbe während der Dauer derselben einen Zuschuss von sechs guten Groschen täglich aus der herrschaftlichen Forstkasse, jedoch wenn von dem Forst-Chef, der die Aufsicht über die innere Bewirtschaftung hat, die Kulturarbeiten tadelhaft befunden werden, so erhält der Jägerbursch nichts. Übrigens erhält der Jägerbursch an Pulver und Blei das, was ihm der Revierförster dafür an weist.

§14

Kein Jägerbursch darf sich ohne Urlaub des Revierförsters von dem Revier entfernen, und dauert seine Abwesenheit länger als 24 Stunden, so muß er sich vor seiner Abreise von dem vorgesetzten Forstchef Urlaub erbitten und darf nicht eher abreisen, bis er solchen wirklich erhalten hat. Jeder Jägerbursche soll alles dasjenige, was ihm in Vorstehendem zur Pflicht gemacht ist. pünktlich befolgen, und sich dazu mittels Eides bei fürstlichen Forst-Collegiuo verbindlich machen, auch bevor er nicht auf diese Weise verpflichtet ist, nicht zur Ausübung seines Dienstes als Jägerbursche gelassen werden.

Sign. Sondershausen, am 9. April 1824

das."Fürstl. Schwarzb. Forst- Collegium

12 Die hohe und niedere Jagd im FSS Seite 155

Es ist sehr interessant, mit welchen Vollmachten schon der niedere Dienstgrad Jägerbursche, ausgestattet war. Der §13 zeigt, welche Schwerpunkte besondere Beachtung fanden. Z.B. eine extra zielorientierte Bezahlung bei guter Pflanzarbeit. Überhaupt keine Zweifel ließ die fürstliche Forstverwaltung bei Störungen des Wildes oder des Jagdbetriebes aufkommen. Besondere zusätzliche Bezahlung, Geschenke und sonstige Belohnungen erfolgten für die Anzeige eines Wilddiebes.

Die Otto von Krieger beschreibt den Lehrbrief seines Vaters wie folgt:

"Er ist auf eine 3 Fuß im Quadrat haltende Pergamenthaut, kalligraphisch wunderbar schön in Fraktur geschrieben und mit Federzeichnungen an den Rändern versehen, welche zur hohen Jagd gehörende Jagdstücke darstellen".

Günther Friedrich Carl
von Gottes Gnaden souverainer Fürst zu
Schwarzburg-Sondershausen.
Fürst zu Schwarzburg, der Vier
Grafen des Reichs, Graf zu Hohnstein, Herr zu Arnstadt, Sondershausen, Leutenberg, Lohra und
Clettenberg rc.
Des Churpfälzischen St. Hubertus
Ordens-Ritter rc. rc.

"Urkunden und bekennen hierdurch, dass Wir, da Wir der Jägerey besonders zugetan sind, aus Gnade Vorzeiger dieses Christoph Leopold von Krieger allhier Drey Jahre lang nemlich vom 1ten Juli 1802 bis dahin 1806 in der hohen Jagd Wissenschaft unterwiesen, welcher sich dann auch nicht nur während der Lehrjahre christlich und rechtschaffen verhalte, sondern fleißig und unverdrossen nach den nöthigen Begiffen eines Holz- und Hirschgerechten Jägers eifrig bestrebt-hat dergestalt, daß Wir seit seiner Lehrjahre über seine über seine emsige Bemüh-ung jederzeit ein seltsames Vergnügen und Zufriedenheit empfunden haben. Nach dem uns nun derselbe nach ausgestandenen Lehrjahren um ein beglaubigtes Attestat seiner Aufführung und Capacite wegen angegangen. Als haben wir ihm wegen seines guten Verhaltens, hierin nicht entgegen seyn, sondern ihm den gehörigen Lehrbrief wohlbedächtigt ausstellen wollen. Es gelanget demnach an alle Hohe und Niedere, wes Standes und Würden sie seyn mögen, vorzüglich an alle diejenigen, welche der edlen Jägerei zugethan und deren selbst befilßen sind, Unser dienstfreundliches Ersuchen und gnädigstes Begehren Sie wollen obrigen allen vollkommen Glauben beimessen. Wir aber sind in ähnlichen Fällen geneigt, solches in Gnaden zu erwiedern. Urkundlich und zu mehrerer Beglaubigung dessen allen haben Wir diesen Lehrbrief eigenhändig unterschrieben und unser Fürstliches Wappen beidrucken lassen.

Im Jahre eintausend Achthundert und fünf
So geschehen Sondershausen, den 1ten Juli

Günther Friedrich Carl."

Otto von Krieger S. 44/45"

Die harten Bestrafungen für Wilderei sind in meiner Broschüre Wilddieberei und sonstige Vorkommnisse auf der Hainleite ausführlich beschrieben.
(ISBN Nummer 978-3 95966-579-7)

3.5. Für die Jagd geeignete Pferde

Der Fürst war nicht nur ein ausgezeichneter Pferdekenner, sondern auch ein vorzüglicher Reiter. Er liebte edle und prachtvolle Pferde. Stets kaufte er die schönsten Rösser direkt aus England, Böhmen, Ungarn und Polen, so dass sein Marstall, welcher unter den kleinen Regenten Mitteldeutschlands als der Beste galt, immer gut besetzt war. Jeder berittene Forst- und Jagdbeamte hatte ein, auch mehrere Dienstpferde, die Pferde waren im Marstall mit aufgestellt und erhielten hier ihr Futter und die erforderliche Betreuung.
Im Jahre 1804 kaufte der Fürst persönlich, beraten von seinem Oberstallmeister und Hofmarschall von Kauffberg (dieser galt als exzellenter Pferdekenner) von einem englischen Händler 35 Vollblut Pferde, das Stück für 50 Louisdor.
1805 kaufte der Fürst nochmals 27 edle Parforce Pferde, welche an Schönheit die früher gekauften, übertrafen.

An zwei historisch belegten Beispielen möchte ich die Leistungsfähigkeit guter Pferde darstellen.
Nach der von den Preußen verlorenen Schlacht bei Jena und Auerstedt 1806 floh der Preußische König Friedrich Wilhelm der III. über Sondershausen, Nordhausen, den Harz und Magdeburg nach Berlin. Nur durch die Versorgung mit frischen, schnellen und ausdauernden Pferden aus dem Fürstlichen Marstall konnten der König und sein Gefolge den ihm dichtauf folgenden Franzosen entkommen. Man stelle sich vor, man hätte den preußischen König gefangen genommen.
Die Fluchthilfe hatte sofort negative Folgen. Die nachfolgenden Franzosen raubten 62 englischen und die gesamten Wagenpferde aus dem Sondershäuser Marstall. Langfristig hatte der Pferderaub aber auch wichtige positive Nachwirkungen. Immer, wenn im Deutschen Reich wieder die politischen Vorstellungen aufkamen, man müsse die kleinen Fürstentümer abschaffen (z.B. beim Wiener Kongress), erhob das Königreich Preußen seine schützende Hand über das Fürstentum Schwarzburg Sondershausen.
Nach solchen Rückschlägen musste der Pferdebestand immer wieder erneuert werden. Neben englischen kamen auch Pferde aus der Ukraine und Polen, welche dem hohen Herren aber nicht gefielen. Er bezeichnete sie sogar als Polacken. Oberstallmeister und Hofmarschall von Weise kaufte daraufhin Pferde in Mecklenburg. Die Mecklenburger Goldfüchse erfreuten sich der besonderen Beliebtheit seiner Exzellenz. Jede Fahrt war 6 spännig bespannt.
Für die besonders als Wagenpferde geschätzten Füchse sind spektakuläre Fahrten überliefert. Der interessierte Leser bedenke, dass es noch keine durchgängigen, befestigten Wege und oft auch keine Brücken gab. Eine Fahrt vom Schloss in Ebeleben in die Residenz nach Sondershausen im hügeligen Gelände dauerte im Normalfall 3 und eine halbe Stunde. Diese Distanz legten die Mecklenburger mühelos in 50 bis 60 Minuten zurück.
Am 23. April 1820 heiratete die Schwester des Fürsten Günther Friedrich Carl, Prinzessin Emilie Caroline von Schwarzburg, seine Durchlaucht den Erbprinzen Paul Alexsander Leopold von Lippe Detmold. Die Trauung erfolgte in Arnstadt, wo die Fürstin Mutter residierte. Von dort startet das junge fürstliche Paar um 7 Uhr zu einem ersten Besuch des Bruders nach Ebeleben. Von Erfurt bis Ebeleben waren zwei Pferdewechsel in den Horndörfern und in Gebesee vorbereitet. Bereits um 12 Uhr erreichte der 6-er Zug, mit welchem die offene Jagddroschke bespannt war, Ebeleben.
Der Leibkutscher Grimmelbeck, welcher auch die Rücktour lenkte berichtet:
" Um 1 Uhr verabschiedete sich das erbprinzliche Paar in Ebeleben, tausend von schaulustigen Bürgern wohnten der Abfahrt bei. Ein vom Leibkutscher mit der Fahrpeitscht virtuos ausgeführter Kreuzhieb war das Startsignal. " Krieger S.48 b. 51

Der offene Wagen sauste dahin, eine Staubwolke verhüllte Wagen und Pferde.
Um 9 Uhr am Abend erreichte das junge Paar Arnstadt. Eine Fahrstrecke welche, im Normalfall zu der damaligen Zeit mit ca. 32 Stunden angegeben worden ist, bewältigten 18 der besten Marstallpferde in nur 9 ein halb bis 10 Stunden. Wie berichtet wird, waren die Mecklenburger Füchse von der rasanten Fahrt kaum ermüdet.
Kammerrath Krieger berichtet:

"Seine Durchlaucht pflegte die ganze Tour von Sondershausen über Erfurt bis Gehren, eine Strecke von nahezu 24 Wegstunden, bei unchausierten, vielmehr auf den allerschletesten, kaum passierbaren Wegen, stets reitend mit zweimal unterge-

legten Pferden, in Begleitung aller seiner Cavaliere und mehrere Reitknechte in 11 Stunden zurückzulegen." Krieger S. 57

Diese kurz dargestellten Episoden sollen reichen, um darzustellen, welchen hohen Stellenwert gute Pferde in vergangenen Zeiten hatten.

3.6. Für die Jagd geeignete Hunde

Weiterhin waren reichlich ausdauernde, trainierte und ausgebildete Jagdhunde mit entsprechender Wildschärfe erforderlich.
Neben dem Jagdpersonal und den Pferden war eine Parforcejagd ohne Hunde nicht durchführbar. Schon zur Zeit Karls des Großen jagte der Adel mit Leithunden, Hetzhunden und Packern. Ein ausgebildeter firmer Leithund hatte damals den Wert von 16 Reitpferden. Der Leithund war in vergangenen Jahrhunderten, als das Edelwild in Ermanglung von weittragenden Schusswaffen nur durch Fangen in Netzen und Garnen zu erlengen war, eingesetzt.
Ein guter Leithund kann der Fährte eines ausgewählten Wildes noch am folgenden Tag mit großer Sicherheit nachhängen. Das Gelände, die Wetter-und Bodenverhältnisse spielen keine große Rolle.

1805 druckte auf Befehl des Fürsten die Hofdruckerei in Sondershausen ein Parforcereglement. Aus diesen möchte ich einige interessante Passagen zitieren:
" Das erste Erforderniß zu einer guten Parforce-Jagd ist, daß die Meute in gutem Stande und in dem gehörigen Gehorsam ist. Beides zu bewerkstelligen, ist die erste Pflicht des Piqueurs. Ihnen liegt es ob, täglich und stündlich Sorge zu tragen, daß die Hunde ihr Futter richtig zur gehörigen Zeit und auf die gehörige Art erhalten, daß die Zwinger reinlich gehalten werden, daß die Hunde bei Krankheit richtig behandelt werden."
Ebenfalls in der Regierungszeit des Fürsten Friedrich Carl I., etwa 1795, begann der Bau eines Jägerhauses mit Remisen und einem großen Hundezwinger. Auch hier sparte der Fürst, wie am Wildgatter in Gehren, nicht.

Zum Tag des offenen Denkmals im Sep. 2023 habe ich die Führung der Architektin Jana Lorenz besucht. Es ist sehr erfreulich, dass in den kommenden Jahren Geld für die denkmalgerechte Sanierung des Jägerhauses bereitgestellt wird. In einem sehr interessanten Vortrag habe ich viel Neues erfahren. Die Verwaltung der Finanzen war doch stark von den jeweiligen Fürsten und deren Interessen abhängig.
Der Nachfolger des Fürsten Günther Friedrich Carl I. war auch Jäger. Seine Exzellenz hatte aber andere Schwerpunkte. Schon, nach nur etwa 40 Jahren bekam das Jägerhaus und sein Umfeld eine andere Funktion Es diente als Wohnung für den Fürstlichen Hofgärtner. Der Hundezwinger ging im Gartenbaubetrieb unter.

Fürstlicher Hundezwinger
(Fotoretousche W. Sander)

Der Fütterungsablauf ist eine gute Gelegenheit, Hunde an Disziplin und Gehorsam zu gewöhnen. (siehe auch Ausbildung von Schweißhunden in der Gegenwart)
" Um sie nach gerade in Gehorsam zu bringen, müssen die Piqueurs sich fleißig mit ihnen abgeben, sie müssen bei jeder Fütterung zu gegen sein, müssen die Hund gleich anfangs lehren, mit einer gewissen Ordnung aus dem Stalle zum Futter zu gehen, so dass sie nicht willkürlich auf einmal heraus schießen. Erst wenn die Bretter von den Näpfen entfernt sind und die Suppe nochmals umgerührt wurde dürfen die Hunde ans Futter."

Hannoversche Schweißhunde des Autors
Mutter des unten abgebildeten Wurfes "Fichte vom Harzforsthaus Flößwehr (rechts) sowie ihre Enkelin "Perle vom Falkenberg" (links)

Ein Wurf Hannoverscher Schweißhundewelpen.
Zwinger des Autors "Vom Helbetal"

Bei jeder Fütterung gab es die gleichen Hornsignale wie diese zur Jagd geblasen wurden.
Eine besondere Freude habe ich an jungen Hundeführern, welche heute noch die Ausbildung der Jagdhunde ernsthaft betreiben, besonders die Schweißarbeit üben und ihre Hunde bei Nachsuchen führen. Besonders Erwähnung möchte ich Steve Winkel aus Immenrode und Ingo Hubert.

Ingo Hubert mit seinem Deutsch Drahthaar bei der Vorbereitung zur Schweiß-Prüfung, Revier Kleinberndten (Hauweg)

Übungsfährte gelegt und bei der Fährtenarbeit begleitet, Rafael mit seinem Vater Roland (Sohn und Enkel des Autors)

Ein wichtiger Teil der Hundeausbildung war und ist auch heute noch, die Leinenführigkeit, früher koppelbandig genannt. Mit Peitsche und Zurufen gewöhnen sich die Hunde langsam an Fesseln (heute beruht die Ausbildung der Hunde auf gegenseitigem Vertrauen ohne Gewaltanwendung).

Später wurde die Zusammenarbeit mit den Pferden trainiert. Gemeinsame Ausritte dienten gleichzeitig der körperlichen Ertüchtigung. Das Wichtigste für die zukünftige Verwendung, das Suchen und Halten einer Wildfährte, trainieren die Hunde beim Suchen gelegter Schleppen. Dazu wurden Hirschläufe vom Pferd aus über weite Strecken durch den Wald geschleppt.
Genauso lange wie eine Jägerausbildung dauerte auch die Ausbildung eines Leithundes drei Jahre. Während die Ausbildung und Haltung der Leit- und Hetzhunde der Fürstlichen Jägerei oblag, waren die Packer in Meistereien, Fleischereien, Meiereien, Mühlen und den Fürstlichen Domänen untergebracht. Die Meuten stellte man bei Bedarf zusammen.

Mehrere, zum Teil schwere Unfälle, sind überliefert. Oberforstmeister Kreyn (etatmäßiger Oberpikeur des Fürstlichen Parforcepersonals) stürzte mehrmals vom Pferd und verletzte sich zum Teil schwer. Wildmeister Hesse stürzte vom Pferd, nach dem dieses auf dem Hinterteil rutschend einen Abhang herunter fiel. Starke Prellungen und Blutergüsse waren die Folgen. Oberbereiter Pfaff wurde gegen einen Baum geschleudert und brach sich ein Bein. Oberforstmeister Kreyn verletzte sich schwer, weil sein Pferd in einem engen Hohlweg stürzte. Auch seine Hoheit selbst entkam dem Forkelangriff eines Hirsches nur um Haaresbreite durch das beherzte Eingreifen des Oberst von Kock. Dieser konnte den Hirsch noch rechtzeitig abfangen. Bei der niederen Jägerei und den Treibern waren Verletzungen durch Hirsche und Wildsauen nicht selten. Es wird von einem Treiber berichtet, welchen ein Rehbock im Gesicht schwer verletzte. Der geforkelte Treiber musste nach Hause geführt werden und sich ärztlich behandeln lassen. Der Fürste zahlte ihm ein reichliches Schmerzensgeld von mehreren Thalern, auch übernahm der hohe Herr die Arztkosten.
Es gibt keine Aufzeichnungen darüber, wieviele Pferde und Hunde zu Schaden gekommen sind. Die Beschreibung zahlreicher, in den Revieren für die vorübergehende Unterbringung von Reservepferden und Hunden, gebauter fester Ställe und Hütten, lassen viele Gedanken aufkommen.
Eine uralte Jägerweisheit besagt:
"Wer Schweinsköpfe essen will muss Hundsköpfe dran wagen."

In der Jagdliteratur aus vergangenen Zeiten wird häufig beschrieben, dass geschultes Jagdpersonal stets Nähmaterial, Verbandszeug und Mittel zur Wundreinigung bei sich hatte. Verletzungen versorgten die Hundeführer an Ort und Stelle. Aus vielen Quellen ist bekannt, dass der Jäger heraushängende Därme, wenn diese nicht beschädigt waren, nach einer Reinigung in die Bauchhöhle zurück verbrachte, danach die Bauchdecke vernähte und mit einem Verband versah. Nach ca. 3 bis 4 Wochen sollen diese Hunde wieder einsatzfähig gewesen sein.

3.7. Eingestellte Jagen

Ende des 19. Jahrhunderts kamen die Parforcejagden aus der Mode. Der riesige, kostenintensive Aufwand war einfach zu hoch. Zunehmend sind Eingestellte Jagen von den Jagdherren organisiert worden. Diese Form der Jagd war für die hohen

Jagdherren deutlich bequemer, auch war die Verletzungsgefahr geringer. Die Möglichkeit der Beobachtung des Ablaufes, durch die nicht jagende Hofgesellschaft, besonders der Damen, war besser.
Mit der Fertigung präziserer Feuerwaffen war es möglich, auch bewegliche Ziele auf weite Distanz genau zu treffen. Ab 1823 gab es Perkussionsgewehre, welche von seiner Durchlaucht aber erst wiederwillig Benutzung fanden. Die neue Jagdart war aber immer noch sehr aufwendig.
Das gesamte Wild großer Jagdgebiete ist in mehreren Tagen mit Hilfe von Treibern, Hunden und Lappen in sogenannten Kammern eingestellt worden.
Einlappen bedeutete, bestimmte Fluchtmöglichkeiten versperrte die Jägerei mit auf Seilen befestigten Lappen (ca. 60x 40 cm große Tücher). Das Wild scheute vor den sich im Wind bewegenden Tüchern zurück. Es konnte so nur in die offen gelassene Richtung fliehen.

Jagdlappen aus der Zeit Mitte 18. - Ende 19.Jh., mit sächsischen Wappen (Jagd im Zwielicht S. 65)

Am Ende der Flucht landeten die Tiere in sogenannten Wildkammern. Diese Wildkammern bestanden aus festen Tüchern oder zum Teil auch aus festen Bohlen.
Die Vorbereitung einer solchen Jagd dauerte mehrere Tage, was bedeutete, dass das zuerst gefangene Wild über einen längeren Zeitraum bewacht werden musste. Mit Wachfeuern bei Nacht war dieses möglich. Die Jägerei sortierte das Wild in mehreren Kammern nach Wildart und Stärke der Trophäen. Diese Sortierung lies verschiedene Möglichkeiten, das Wild in den Lauf zu entlassen zu. Der Lauf ist ein gezäunter Gang, welcher in einem großen eingezäunten Gelände endet. Am Lauf warteten die adligen Schützen. Sie standen mit ihren Büchsenspannern, für das Wild unsichtbar, hinter getarnten prächtigen Schirmen. Auf den einzelnen Ständen waren, endsprechen ihrer gesellschaftlichen Stellung, die Schützen platziert. Den ersten Stand hatte der Fürst, danach reihten sich die Gäste in der Reihenfolge ihrer gesellschaftlichen Bedeutung ein. Von einer Tribüne aus konnte die anwesende Hofgesellschaft den Ablauf der Jagd bei einem Glas Wein gut beobachten. Das Wild hatte so gut wie keine Chance zu entkommen. Am Hubertustag sind solche Jagden Ende des 19. Jh. auf dem Possen ein Volksfest gewesen. Von weither kamen die Untertanen der zum Fürstentum gehörenden Orte, um an dem großen Ereignis teilzuhaben.

Bei den Parforcejagden und den Eingestellten Jagden ist sehr viel Wild zur Strecken gekommen. Trotz vorhandener zahlreicher Wildkammern, Eiskellern und der Möglichkeit das Wildbret einzusalzen oder zu räuchern, war es immer eine Herausforderung das Fleisch verlustarm zu nutzen.
Wildbret, welches nicht in der Fürstlichen Hofhaltung verarbeitet werden konnte, ging häufig als Schenkung an Klöster und Armenhäuser.
Die Stadt Nordhausen erhielt zum Beispiel regelmäßig Wildbraten, wie Dankschreiben des Magistrats der Freien Reichstadt Nordhausen an den Fürsten belegen.
Rechnungen über Wildbret sind leider nur spärlich erhalten, aus diesen geht aber hervor, welche Massen von Wild Ende des 19. und Anfang des 20.Jh. zur Strecke kamen.
Es ist auch Wildbret unter Beachtung von speziellen Gesetzen auf den freien Markt gelangt.

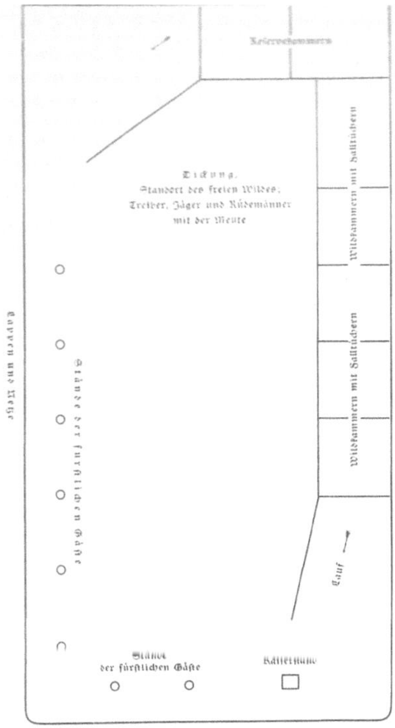

Darstellung eines eingestellten Jagens

Archiv W. Wolf,
Herkunft
M. Wolff, Gehren

Die Preise um 1820 lagen bei 2 bis 4 Pfennige das Pfund feisten (fetten) Wildbraten. Auch als Hundefutter fand Wildbret mitunter Verwendung.
Bei ungünstiger, warmer Witterung gelangte es nicht selten zu den Luderplätzen oder wurde vergraben.

In verschiedenen Zeitepochen hatten die Trophäen keine große Beachtung. Die Jägerschaft nahm sich Teile der Geweihe zum Schnitzen von Pfeifenköpfen, Knöpfen oder anderen Gebrauchsgegenständen. Erst in späteren Zeiten sammelten die Jagdherren und das Personal die Trophäen erlegten Wildes. Es wird z.B. von einer großen Hirschgeweihsammlung im Rittersaal des Jagdschlosses in Gehren berichtet. Gefundene Abwurfstangen mussten die Untertanen gegen Bezahlung bei den jeweils zuständigen Förstern abliefern. Für ein Pfund abgegebener Hirschstangen gab es 6 Pfennig. Von Professor und Archivrat Irmisch sind Abrechnungen des Försters Heinrich Möhring aus Großbreitenbach erhalten:

1668-69,	82,5 Pf.	1 Gulden,	20 Kreutzer 3 Pfn.
1670-71,	92,5 Pf.	2 Gulden,	4 Groschen 3Pfn.
1672-73,	114,0 Pf.	2 Gulden,	15 Groschen

Krieger S.20/21

Diese Abwurfstangen- und Gehörne kauften Gehörnraspler. Als es noch keine industriell hergestellte Gelatine gab, fertigten diese Raspler aus pulverisiertem Hirschhorn für die adligen und großbürgerlichen Köche Gelatine an.
Durch die Aufhebung der Jagdfronpflicht im Jahre 1848 war es unmöglich, die für eine Parforcejagd und ein Eingestelltes Jagen nötigen Hilfskräfte zu mobilisieren. Auch andere moralische Einstellungen zum Umgang mit der Tierwelt haben sicher zu einem Umdenken der Jagdherren geführt.
Die Pirsch, der Ansitz und das Bestätigen des Wildes lösten die überbrachten Jagdmethoden ab. Diese modernere Jagdausübung war bei Weitem nicht mehr so kostenintensiv. Auch war weniger Jagdpersonal erforderlich. Die Zahl der benötigten Pferde und Hunde reduzierte sich drastisch. An die Stelle der Leithunde trat der Schweißhund. Diese Hunde, welche bis in die Gegenwart und auch in Zukunft zum Finden krankgeschossenen Wildes gebraucht werden, sind für den Tierschutz und eine waidgerechte Jagdausübung unabdingbar.
Der hannoversche Jägerhof hat sich für die Züchtung, Ausbildung und Erhaltung dieser Rasse verdient gemacht. Neben dem Hannoverschen Schweißhunden wird, besonders für die Arbeit im Hochgebirge, ein leichterer Hund, der Bayrische Gebirgsschweißhund, gezüchtet. Diese Hunde hatten und haben einen hohen, weithin anerkannten Wert.

Gefunden: HS Ingo vom Helbetal

(Foto Rudolf Engelmann. Fotoarchiv, W. Wolf)

Folgend Begebenheit ist überliefert:

Aus der Zucht des Hannoverschen Jägerhofes schenkte der König von Hannover dem Kaiser Franz Joseph von Österreich einen jungen Schweißhund. Ein Jägerbursche überbrachte diesen Hund persönlich nach Wien. Bei der Ankunft des wertvollen Hundes und dessen Begleiters unterbrach der Kaiser eine Kabinettssitzung und beschäftigte sich den gesamten restlichen Tag mit dem gelieferten Hund.

3.8. Die niedere Jagd

Neben Parforce- und eingestellten Jagden übte der Fürst auch die niedere Jagd mit Eifer aus. Zahlreiches Personal und fronpflichtige Bauern waren auch zu diesen Jagden notwendig.
Wie bereits erwähnt sind die Schwarzburger Grafen und späteren Fürsten seit Generationen leidenschaftliche Jäger gewesen.
Viele Beschreibungen und Dokumente deuten darauf hin, dass Fürst Friedrich Carl der I. eine besondere Jagdleidenschaft und ein sehr fundamentiertes Fachwissen hatte.
Es wird beschrieben, dass seine Fürstliche Hoheit über das gesamte Jahr der Jagd frönte, ansonsten seine Zeit auf dem Schießstand oder bei seinem Büchsenmacher verbrachte. Nur seine Pferde und die Musik konnte ihn für Stunden davon abhalten.

Zu den Leibgehegen des Fürsten zählten die Feldfluren von Niederspier, Hohenebra sowie die Buschhölzer und Remisen an den Ebelebener Teichen. Für einen reichlichen Bestand an Fasanen sorgten 3 Fasanerien. In diesen Revieren fand jährlich nur eine Jagd statt. Danach fiel das Jahr über kein Schuss. 1200 bis 1500 Fasanenhähne kamen hier jährlich zur Strecke.

Fasanen Strecke

(Ein Jägerparadies
Foto Jaroslaf Holecek)

Archiv W. Wolf

In Vorbereitung der Schnepfenjagd zum Frühjahres- und Herbstzuges legte die Jägerei Schussschneisen in den Feldgehölzen um Ebeleben an. Seine Durchlaucht bewohnte von Anfang Herbst bis zum Frühjahr des folgenden Jahres sein Jagdschloss in Ebeleben. Nur wichtige Regierungsgeschäfte zwangen ihn für kurze Zeit in die Residenzstadt nach Sondershausen.
Unter der Leitung von Oberlandjägermeister von Faßheber und Oberforstmeister Münch sind die in der Nähe von Ebeleben gelegenen größeren und kleineren Feldgehölze in abwechselnder Reihenfolge täglich abgetrieben worden.
Günther Ludwig Faßheber, geb. am 19.02 1795, war ein uneheliches Kind des Fürsten Günther Carl I. und seiner Mätresse Güntherine Frederike Karoline Faßheber. Er wurde am 29.11.1802 geadelt. Günther Ludwig von Faßheber war Oberlandjägermeister und Mitglied des höchsten Staatsorgans, dem Geheimen Konsilium. Oberforstmeister Günther Gottfried Mönch (Münch?), geb.27.12.1792, war der uneheliche Sohn des Fürsten Christian Günther und seiner Geliebten Johanna Carolin Mönch, Tochter des Fürstlichen Garde Reiters und späteren Hauptmanns. Fürst Günther Friederich Carl I. erhob ihn am 19.04.1817 mit dem Namen von Münch in den Adelsstand. (Sondershäuser Beiträge "Der Püsterich" Heft 12 2010 S. 127 u.130)
Zur Unterbringung der fürstlichen Pferde sowie der mitgeführten Getränke und Speisen gab es geräumige Pferdeställe und Sitzmöglichkeiten für die Jagdgäste seiner Durchlaucht. Reichlich Pferde waren täglich zum schnellen Umsetzen in ein anderes Jagdgebiet erforderlich. Ein großer Teil der Fürstlichen Jägerei war nach Beendigung der winterlichen Jagden nach Sondershausen zurück befohlen. Um die Schnepfen in den Birkenbeständen auf der Hainleite zu bejagen, waren die Bediensteten unter dem Befehl des Oberjägers von Wolffersdorf tätig. Etwa 3000 Morgen (750 ha.) große Waldkomplexe der Gemeinden Jecha, Berka und Hachelbich klapperten jagdfronpflichtige Treiber nach Schnepfen ab. Die erwähnten Holzungen waren ein großer Birkenbusch. Diese Birkenorte lagen auf einem nach Süden geneigten Hochplateau der Hainleite. Durch diese Lage erwärmte und entwässerte sich das Gelände im zeitigen Frühjahr sehr schnell. Die Vegetation erschien sehr zeitig. Würmer, Käfer und andere Kleintiere, welche die durchziehenden Schnepfen anlockten, gab es in großer Menge. Es ist überliefert, dass diese Jagden sehr beliebt waren. Da der hohe Jagdherr nicht persönlich anwesend war, soll es etwas lockerer zugegangen sein. Der Fürstliche Mundkoch und seine Hilfskräfte bereiteten für alle täglich ein Mittagsmahl vor. Dieses bestand aus Suppe, Gemüse und Fleisch, Rindfleisch mit Meerrettich durfte nicht fehlen. Zum Befeuchten der trockenen Kehlen gab es Bier, niemals Schnaps. Alle erforderlichen Zutaten, auch das Bier, transportierten täglich Esel vom Sondershäuser Schloss zum Rendezvous Platz. Der Weg ist unter dem Namen Kommunikations- oder auch Bierweg und Butterweg bekannt. Sein Verlauf führte von Berka westlich am kleinen und großen Loh durch den Wald direkt zum Körnersplatz.

Erlegte Schnepfe
Ein Jägerparadies

Foto Jaroslaf Holecek

Am beschriebenen Sammelplatz, (wahrscheinlich bei der Fürstlichen Jagdhütte am Körnersplatz) war, bei schönem Wetter, unter einer uralten Linde die Tafel gedeckt. Ein herrlicher Blick auf das Fürstliche Residenzschloss lud zum Verweilen ein.
Die Jagd begann täglich um 9 Uhr und endete gegen 16 Uhr.
An einem Tag kamen 15 bis 20 Schnepfen zur Strecke.
Ein unbekannter Jagdgast des Forstmeisters von Wolffersdorf beschreibt diese Jagdhütte. Zitat auszugsweise.: "*In den letzten Tagen des Augustes bekam ich vom Fürstlichen Hofjagdamt eine Einladung zu einer Jagd auf Schwarzwild, mit der freundlichen Aufforderung die Nacht in einer kleinen Gesellschaft in der Jagdhütte am Körnersberg zu verbringen. Das an sich unbedeutende Jagdhaus liegt auf einem Bergrücken des Hainleiter Gebirgszuges und heißt der Körnersplatz.*
Die Gebäulichkeiten hatten in früheren Jahren, wo die Grafen und Fürsten von Schwarzburg Sondershausen hier längere Zeit der hohen Jagd wegen zu verweilen pflegten, eine bedeutende Ausdehnung, wovon noch die Rudera der Grundmauern und die zurückgelassenen Steinmassen Zeugniß ablegen. Außer dem Jagdhause mit Seitengebäuden für die Kavaliere befanden sich früher auch geräumige Pferdeställe hier. Ein riesiger, tiefer Keller erstreckte sich unter den Gebäuden. Die Lage ist reizend zu nennen, denn von prächtigen, schönsten Buchenbeständen kultivierten Thälern umgeben, bietet dieses Plätzchen eine herrliche in Aussicht in das Wipperthal mit dem hochgelegenen Residenzschlosse zu Sondershausen."(Deutsche- Zeitung 18 Jahrgang 1875 Wien Kopie Archiv W. Wolf)
Am 18.06.2009 hat der Autor zusammen mit Ulli Henze den Körnersplatz im Possenwald aufgesucht. Vorgefunden haben wir, wie im gekürzten Zitat oben beschrieben,

ein ca. 4x4 m großes Erdloch mit einer Tiefe von 1,80m. Weiterhin konnten wir Reste von gebrannten Dachziegeln und Mörtel finden. An besagter Stelle steht eine große alte Buche, deren Alter wir auf ca. 200 Jahre geschätzt haben. Zum Zeitpunkt der Beschreibung der Jagdhütte durch den Jagdgast war die Buche also etwa 66 Jahre alt. Der umliegende Buchenbestand ist deutlich jünger. Der Artikel (Deutsche-Zeitung 18 Jahrgang 1875 Wien) beschreibt das Haus recht ausführlich.
War der Schnepfenstrich vorüber, jagte Seine Hoheit auf das Auer- und Birkwild in den Revieren des Thüringer Waldes.

Erlegte Auerhähne
Ein Jägerparadies, Fotos Jaroslaf Holecek

Balzender Birkhahn
Archiv W. Wolf

Die „jagdarme" Zeit zwischen der Birkhahnbalz und der Jagd auf Rehböcke nutzten besonders die Prinzen für die nächtliche Jagd auf Raubwild und Raubzeug zu Pferd mit scharfen Hunden. In mondhellen Nächten stöberten die Hund Füchse, Dachse, Marder, streunende Katzen, sogar Igel auf, stellten diese, oder jagten diese auf Bäume. Die berittenen Jäger holten die Hunde schnell ein und schossen die gestellten Tiere. Diese nächtlichen Jagden erfolgten besonders in der Nähe von Fasanerien, erstreckten sich aber mitunter bis Kelbra und Kleinbrüchter. Erforderlich waren unbedingt ausdauernde Pferde, Hunde und exzellente Reiter. Es lag in der Natur der Sache, dass es zu manchen unliebsamen Vorfällen kam. Mit knapper Not entkam eine Jagdgesellschaft in der Nähe von Schernberg einer Tracht Prügel durch Bauernburschen. In unmittelbarer Dorfnähe hatten die Jäger eine Katze erschlagen. Nur durch das beherzte Einschreiten des Justizamtmannes D. konnte die Sache gütig beigelegt werden.
Großes Aufsehen erregte die Verunreinigung eines erst am Vortage eingeweihten Brunnens in Kleinbrüchter, verursacht durch den Absturz von zwei Jagdhunden.

Ende August bis Mitte September sammelte sich die Hofjägerei im Kavaliershaus, ein zu diesem Zweck reserviertes Wohngebäude in der herrschaftlichen Domäne Wasserthaleben. Auch der Fürst und seine Jagdgäste logierten auf dem Gut, um täglich in den Feldfluren der umliegenden Dörfer Rebhühner zu jagen. Auch in

Wassertaleben übernahm die fürstliche Hofküche und Hofkellerei die Versorgung aller Gäste und Bediensteten aufs Feinste.
Da jeder Förster, Büchsenspanner und Revierjäger zwei und mehr Hühnerhunde von bester Rasse zur Verfügung hatte, gab es an Hunden keinen Mangel. Die Strapazen einer solchen mehrtägigen Jagd erforderten den Wechsel der Hunde. Die gesamte Jagdsaison konnten die Jagdhunde nur im stetigen Wechsel aushalten. Viele Förster, deren Hunde dank ihrer ausgezeichneten Ausbildung in großem Ansehen standen, verkauften diese Hunde in ferne Gegenden. Die Leibhunde des Fürsten führte ausschließlich sein Leibjäger, welcher auch für deren Ausbildung verantwortlich war.
Nach einem anstrengenden Jagdtag feierte die Jagdgesellschaft ausgelassene Abende. Jeder jugendliche Übermut war gestattet, solange er die Grenzen des Anstandes nicht überschritt.

Treiber mit Rebhühnern
Ein Jägerparadies
Fotos Jaroslaf Holecek
Archiv W. Wolf

Den Jagden auf das Rebhuhn folgten im Herbst die Hasenjagden in den Feldfluren des gesamten Fürstentums. Zu diesen Kesseltreiben waren je nach Gelände etwa 500 bis 700 Treiber nötig, die die frondienstpflichtigen Bauern zu stellen hatten. In einem einzigen Treiben kamen oft mehr als 1000 Hasen zur Stecke.
Belegt ist eine Strecke von 1065 Hasen, welche im Jahre 1835 in einem Feldtreiben zwischen den Dörfern Thalebra, Schernberg und Gundersleben geschossen wurden.

Hasenstrecke
Deutsch Jagdzeitung 1928
Archiv W. Wolf

Fürst Günther Carl I. von Schwarzburg Sondershausen liebte im fortgeschrittenen Alter die Jagd auf Raubvögel aus der Rabenhütte. Besonders in der Zugzeit der Raub- und Rabenvögel, vom 15.08. bis 15.11. und Mitte März bis Mitte April besuchte er fast täglich eine seiner vielen Rabenhütten. Die Bejagung der Raub- und Rabenvögel gehörte ebenfalls zu den Dienstaufgaben der Jägerei und der Forstbeamten.
Für die nicht jagenden Leser eine kurze Erläuterung dieser speziellen Jagdart: Eine, halb in die Erde eingelassene, aus Brettern und Bohlen gezimmerte, geräumige, bequem eingerichtete, überdachte Hütte bildete einen getarnten Ansitzplatz für einen oder mehrere Schützen. Der Fußboden war mit Eichenbrettern gedielt. Ein kleiner Kanonenofen sorgte bei schlechtem Wetter für Wärme.
In Schrotschussentfernung (etwa 30m) stand ein Pfahl mit Querholz, die sogenannte Jule. Darauf platzierte man einen Uhu. Der „Auf" genannte Uhu war mit einer Fußfessel und einer Leine, die im inneren der Hütte endete, verbunden. Seit durch die Verbesserung der Jagdwaffen ein genaues Treffen mit Schrotmunition möglich war, machten sich die Jäger den unbändigen Hass zwischen den Tag- und Nachtgreifvögeln zu Nutze. Alle vorbeifliegenden Raub-und Rabenvögel attackieren den „Auf". Durch gut getarnte Schießluken konnten die angreifenden Vögel von einem bequemen Stuhl aus geschossen werden.
Rabenhütten waren im gesamten Fürstentum in jedem Revier auf jedem, sich anbietenden Berg vorhanden. Der in Ebeleben stationierte Förster Schwabe, auch Hütten-Vater genannt, war für die Instandhaltung aller Rabenhütten im Fürstentum Sondershausen verantwortlich.

Rabenhütte und Uhu
Ein Jägerparadies, Fotos Jaroslaf Holecek   Archiv W. Wolf

Die gesamte Jägerei war beauftragt die Hütten fleißig zu nutzen. Als Ansporn zahlte das Hofjagdamt folgende Abschussprämien:

Je erlegten	Adler	1 Dukaten
	Falken	20 Sielbergroschen
	andere Raubvögel	5 Sielbergroschen
	Raben, Elstern	1,5 Sielbergroschen

Herbstzug der Kraniche über dem Helbetal

Alten Unterlagen ist zu entnehmen, dass oben genannte Arten vor 200 Jahren in der Zugzeit in großen Mengen vorkamen. Von enormen Schäden in den gepflegten Niederwildbeständen wird berichtet.

Die berühmteste Rabenhütte befand sich auf dem Frauenberg. Der genaue Standort ist bis heute überliefert.
Einige belegte Abschüsse seltener, heute hier nicht mehr vorkommender Arten, möchte ich erwähnen:

Im September 1822 schoss der Büchsenspanner, spätere Revierförster Herschleb, auf dem Hotzenberg einen weißköpfigen amerikanischen Seeadler.

Weitere Adler dieser Art erlegten im folgenden Jahr der Oberförster Böttcher in Rohnstedt und Oberförster Beyer in Großbrüchter am Luder.

1818 fing Fasanenmeister Schmidt in der Fasanerie in Ebeleben einen Steinadler im Habichtskorb. (Ein Habichtskorb ist ein Falle zum Fang von Greifvögeln)

Ein altes Steinadlerweibchen wurde 1821 von einem Jägerburschen in der Königlich Preußischen Oberförsterei Lohra erbeutet.

1866 kam ein Exemplar durch Oberförster Kreyen in Ebeleben auf der Weinbergshütte zur Strecke.

1868 erlegte der Fürstliche Jäger Hainisch einen Schreiadler aus der Hütte am Frauenberg.

1874 wurde ebenfalls ein Schreiadler vom Geheimen Staatsrat von Wolffersdorf auf dem Frauenberg erlegt.

In den 1880er Jahren erlegte ein nicht namentlich genannter fürstlicher Büchsenspanner an den Ebelebener Teichen ebenfalls einen seltenen Schreiadler.

Forstaufseher Hoffmann aus Oberspier erlegte einen männlichen Schreiadler, welcher hier gehorstet hatte. Das ebenfalls beschossene Weibchen konnte er nicht finden.
Selbstverständlich erlegten die Fürsten und Prinzen selber ebenfalls zahllose Raubvögel. Eine große Zahl der erlegten Raubvögel sind, kunstvoll präpariert, in die Fürstliche Naturalien Sammlung aufgenommen worden. Einige schon damals seltene Arten versanden die fürstlichen Bediensteten an das Naturkunde - Museum nach Berlin.
Für die Sicherstellung der Hüttenjagd standen in Gehegen ständig 15 bis 20 Uhus zur Verfügung.
Die Rabenhütte auf dem Frauenberg soll vom Fürsten in der Vogelzugzeit fast täglich benutzt worden sein. Es war sein Lieblingsaufenthalt.

Anfang der 1970er Jahre habe ich als junger Revierförster auf den abgeernteten Feldern der Straußberger Flur ausprobiert, ob diese Jagdmetode wirklich funktioniert. Aus gepressten Strohballen war eine provisorische Rabenhütte schnell gebaut, als "Auf" fand, mangels eines echten Uhus, eine ausgestopfte Schleiereule Verwendung. Einige Eichelhärer und Rabenkrähen waren meine Beute.
Einen Rehbock bekam ein Jäger in diesen Jahren nur nach dem Abschuss von 6 Stück Raubwild und Raubzeuge frei. Die Hüttenjagd war eine leichte Möglichkeit dieses Soll zu erfüllen. Diese Regelung war in den einzelnen Jagdgesellschaften der DDR individuell geregelt. Es war ein guter Beitrag zur Hege des Niederwildes.
Nur um die vielfältigen jagdlichen Tätigkeiten der Fürsten abzurunden, seien noch die Baujagden und die Jagd mit Beizvögeln, sowie die Jagd auf Zwergtrappen erwähnt. In der Sonderausstellung "Die Kunst der Jagd und Jagd in der Kunst" im Sondershäuser Schloßmuseum kann der Besucher das Gemälde "Falken Jagd bei Greußen" besichtigen.
Nach dem Tod des Fürsten Karl Günther von Schwarzburg Sondershausen, 1909 ist die Linie im Mannesstamm ausgestorben, gingen die Jagdrechte an Fürst Günther Victor von Schwarzburg Rudolstadt über, welcher fortan beide Fürstentümer in Personalunion regierte. Zur Gesamtheit des Fürstentums gehört ab diesen Zeitpunkt auch das Kyffhäusergebirge.
In alter Literatur wird der Wildbestand in den Thüringer Fürstentümern als legendär beschrieben. Zum Teil im 18.Jhd. noch vorhandene urwaldähnliche Wälder boten nicht nur dem Edelwild beste Äsung und Ruhe, sondern beherbergte auch Bären, Luchse und Wölfe.

4. Das Rotwild

Von besonderem Interesse war das Edelrotwild und das wehrhafte Schwarzwild. Diese beiden Wildarten waren in großer Zahl, meist in riesigen Gattern, für die Parforcejagd in den fürstlichen Jagdgebieten vorhanden. Der Bau- und die Instandhaltung dieser Gatter, welche mitunter 5000 ha und mehr umfassten, war eine

ständige Aufgabe, welche nur mit zahlreichem Personal und der jagdfronpflichtigen Bevölkerung zu bewältigen war.
Zur fürstlichen Jägerei gehörten ausschließlich hirschgerechte Jäger. Einen Lehrbrief musste ein jeder Jäger vorzeigen können.
Die Ausbildungszeit betrug 3 Jahre. Während dieser Zeit erhielt der Jägerbursche eine gründliche Ausbildung in allen Zweigen der hohen und niederen Jagd. 1 Jahr Lehr- oder Hundejunge, 1Jahr als Lehrbursche und das letzte Jahr als Jägerbursche. Geschicklichkeit, fachliche Kenntnisse und praktische Erfahrung waren die Voraussetzungen, um als ein hirsch- und fährtengerechter sowie wehrhafter Jäger anerkannt zu sein. Besonders waren Fährtenkunde und die Ausbildung des Leit- und Schweißhundes wichtig. Neben der jagdlichen Ausbildung verlangte der Fürst auch eine forstliche Schulung. Erst wenn all diese Bedingungen erfüllt waren, erhielt der Lehrling den Lehrbrief. Mit der persönlichen Überreichung des Hirschfängers durch den Fürsten war er fortan wehrhaft. Schon während der Ausbildung hatten die Jägerburschen zahlreiche Verpflichtungen, verfügten aber auch über umfangreiche Befugnisse.

4.1. Die Entwicklung des Rotwildbestandes

Wie bereits in den anfangs beschriebenen Kapiteln erwähnt, war Rotwild in allen Teilen der beiden Grafschaften und späteren Fürstentümern Schwarzburg Sondershausen und Schwarzburg Rudolstadt reichlich vorhanden.
In den dichten, urwaldähnlichen Revieren wuchsen starke, kapitale Hirsche heran, welche die Jagdlust des Adels weckten. Mit welchem Aufwand, höfischer Pracht, Leidenschaft, gesellschaftlicher Wertung und gepflegter zeremonieller Tradition diese Wildart gehegt, behandelt und bejagt wurde, ist ein Stück Kulturgeschichte.
Zahlreiche Abschüsse der Fürsten und der hohen Jagdbeamten sind belegt. In Museumsbeständen legen Trophäen und Gemälde Zeugnis davon ab. In zahlreicher einschlägiger Fachliteratur sind Hirsche und deren Erleger zu sehen, sowie spannende Jagdbeschreibungen nachlesbar.
Einige sicher belegbare Abschüsse der Fürstlichen Jagdherren zeigen folgende Bilder:

Erleger Fürst Günther Carl I

Des Fürsten Karl Günther von Schwarzburg-Sondershausen letztes Weidmannsheil: Kapitaler Sechzehnender, erlegt am 5. September 1908 im Forstort Ebersch im Obergehrener Forste.

Foto W. Wolf Fotoarchiv W. Wolf

Zeitungsausschnitt
TA.04.12.2018

Fürst Günther Victor von Schwarzburg-Sondershausen erlegte einen kapitalen Sechszehnender am Tag des Kaisersturzes im November 1918. Foto: Anna L. von Schwarzburg

Als letzter Regent des Deutschen Kaiserreiches dankte Fürst Günther Victor nach der November Revolution 1918 am 23. November ab.
Offenbar unbeeindruckt von der Nachricht vom Ende der Monarchie und der Abdankung des Kaisers ging der Schwarzburger Fürst weiter seiner Jagdleidenschaft nach. Die privaten Aufzeichnungen der Fürstin Anna Luise geben einen Einblick.
Nach 1918 begann für die Jagd und das Wild eine schlimme Zeit. Die Gesetzeslage gestattete für einen relativ kurzen Zeitraum jedem Grundbesitzer das Jagdrecht auf seinem eigenen Land, unabhängig von der Flächengröße. Dies führte, auch bedingt durch die große Hungersnot nach dem 1.Weltkrieg, zu chaotischen Zuständen und einer fast völligen Ausrottung der Wildbestände. Das Rotwild war besonders betroffen. Erst nach der Bildung der Weimarer Republik besserte sich die Lage langsam, erreichte aber auf dem Territorium des ehemaligen Fürstentums Schwarzburg Sondershausen nie wieder seine damalige jagdliche Bedeutung.
Da ich leider zu spät angefangen habe, Daten über die Erlegung von Rotwild nach dem 2. Weltkrieg zu sammeln, können meine folgenden Angaben nur lückenhaft sein. Diese beziehen sich ausschließlich auf den Dün und die Hainleite (Dün bis B4).
Ich denke, dass die folgende Dokumentation trotzdem interessant ist, zeigt diese doch auf, dass bis in die Gegenwart immer wieder Rotwild erlegt wird, allen Regulierungsversuchen zum Trotz.

(Anmerkung: Eine Freude wäre es für mich, wenn Leser diese Aufstellung mit Bildern und sonstigen Aufzeichnungen ergänzen könnten.)

Nach dem 2. Weltkrieg ist das Vorkommen von Rotwild in den Revieren der Hain- und Windleite sehr selten. In den forstlich wertvollen Laubmischwäldern wollte man es auch nicht bewirtschaften. Nach umfangreicher Betrachtung in den 70er Jahren, wechselten die Bestimmungen. Erst hieß es, Kronenhirsche und über lauscherhohe Spießer dürfen nicht geschossen werden. Nach der Einigung, es wird, kein neues Rotwildeinstandsgebiet eingerichtet, erfolgte der Totalabschuss. Immer wieder ist dennoch im Laufe der Jahre Rotwild zur Strecke gekommen. Es konnte also nur zugewandertes Wild sein. Die zusammenhängenden größeren Waldgebiete des Eichsfeldes, des Dün, die Hain-und Windleite, die Finne, Hoheschrecke und der Kyffhäuser sowie der Harz sind bestimmt der Ursprung dieser stetigen Einwanderungen. Mit dem Bau der Autobahn A38 von Leipzig nach Niedersachsen und der Gewinnung von Kalkstein für das Zementwerk Deuna (riesiger Steinbruch bei Keula

trennt fast den gesamten Höhenzug des Dün) sind die Zugänge aus dem Westen und Norden sehr stark zurückgegangen. Die Wanderungen aus dem Osten (Finne und Hohe Schrecke) sind ebenfalls durch die neue Autobahn A71, von Sangerhausen nach Erfurt nur noch stark eingeschränkt möglich.
Östlich der Hainleite ist von den Freiherren v. Werthern bis 1945 im Revier Rettgenstedt (Hohe Schrecke) ein etwa 600 ha großer Wildpark entstanden. Ab dem 03. März 1897 setzten die adligen Herren Wild aus dem Wildgarten Großneuhaus in das neue Gatter ein. Innerhalb von fünf Jahre waren die etwa 40- jährigen Fichtenbestände vom Wild restlos geschält, so dass diese nur noch als Brennholz zu verwerten waren. Die Pflanzung schwedischer Mehlbeerbäume sollte als gute Äsung die Hirsche vom Schälen abhalte. Jagdliche Interessen hatten jedoch einen höheren Stellenwert, die Forstwirtschaft war Nebensache. Aus allen namhaften Wildgebieten in Deutschland, Österreich und Ungarn kauften die Barone zur Aufwertung des Bestandes Wild. Belegt ist, dass 19 Hirsche und 25 Stück Kahlwild aus fremden Beständen ins Gatter kamen. Auch durch die Einsetzung amerikanischer Wapiti-Hirsche erwartetet man eine genetische Aufwertung.
Zur Weltjagdausstellung 1935 konnten 5 Trophäen aus diesem Wildpark mit Medaillen ausgezeichnet werden.
Im Jahre 2008 kam der stärkste Hirsch Thüringens im Revier Rettgenstedt zur Strecke. Der aus seinem langjährigen Forstdienst ausscheidende Revierförster Albrecht Brake hatte einen Hirsch der Klasse 1 zum Abschuss frei. Es ist anzunehmen, dass aus diesem überbesetzten Wildgatter im Laufe der Jahrzehnte Rotwild in die freie Wildbahn gekommen ist. Dieser Genpuhl ist sicher in den wenigen Hirschen, welche heute noch hin und wieder in den Wäldern der Hainleite erlegt werden, vorhanden.(Quelle: Auszüge: Gespräch "Raab Kracher Nr.4457 S.2 v.4 mit Revierförster im Ruhestand Heinz Becker.03. Mai 2012 Freundliche zur Verfügung gestellt von seiner Tochter Silke Becker Revierförsterin FOA .Bad Berka) Jan. 2024

Pensionshirsch Revierförster A. Bracke

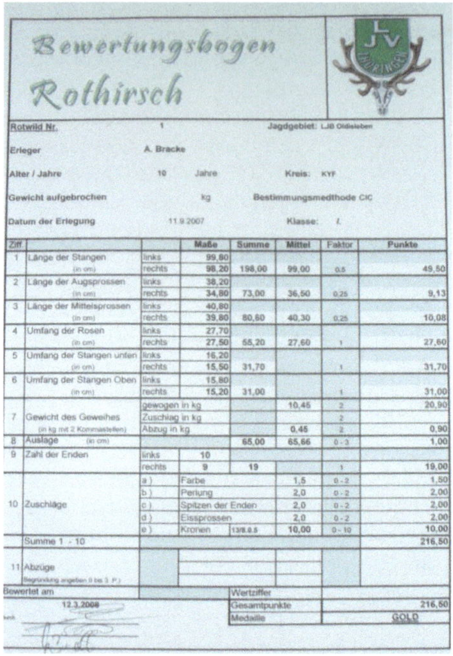

Bewertungsbogen

Rothirsch

Rotwild Nr.	1	Jagdgebiet:	LJB Oldisleben
Erleger	A. Bracke		
Alter / Jahre	10 Jahre	Kreis:	KYF
Gewicht aufgebrochen	kg	Bestimmungsmedthode	CIC
Datum der Erlegung	11.9.2007	Klasse:	I.

Ziff			Maße	Summe	Mittel	Faktor	Punkte
1	Länge der Stangen	links	99,80				
	(in cm)	rechts	98,20	198,00	99,00	0,5	49,50
2	Länge der Augsprossen	links	38,20				
	(in cm)	rechts	34,80	73,00	36,50	0,25	9,13
3	Länge der Mittelsprossen	links	40,80				
	(in cm)	rechts	39,80	80,60	40,30	0,25	10,08
4	Umfang der Rosen	links	27,70				
	(in cm)	rechts	27,50	55,20	27,60	1	27,60
5	Umfang der Stangen unten	links	16,20				
	(in cm)	rechts	15,50	31,70		1	31,70
6	Umfang der Stangen Oben	links	15,80				
	(in cm)	rechts	15,20	31,00		1	31,00
7	Gewicht des Geweihes	gewogen in kg			10,45	2	20,90
		Zuschlag in kg				2	
	(in kg mit 2 Kommastellen)	Abzug in kg			0,45	2	0,90
8	Auslage (in cm)			65,00	65,66	0 - 3	1,00
9	Zahl der Enden	links	10				
		rechts	9	19		1	19,00
10	Zuschläge	a)	Farbe		1,5	0 - 2	1,50
		b)	Perlung		2,0	0 - 2	2,00
		c)	Spitzen der Enden		2,0	0 - 2	2,00
		d)	Eissprossen		2,0	0 - 2	2,00
		e)	Kronen	13/8.8.5	10,00	0 - 10	10,00
	Summe 1 - 10						216,50
11	Abzüge (Begründung angeben 0 bis 3 P.)						

Bewertet am	Wertziffer	
12.3.2008	Gesamtpunkte	216,50
	Medaille	GOLD

Eissprossen 10er erlegt Horst Höhl aus Wiedermuth

Anlässlich einer Drückjagd im Jagdgebiet Toba, Herbst 1968 sind 3 Hirsche zur Strecke gekomkmen:

Die unten abgebildeten 2 Hirsch erlegte Ernst Diemann aus Holzsußra.

Daniel Schönstedt, Ernst Diemanns Enkel, hat diese Trophäen in Verwahrung. Daniel wohnt in Holzthaleben und ist ebenfalls Jäger. Im März 2024 konnte ich beide Geweihe bei ihm fotografieren.

Wilhelm Wiegandt mit seinen 10- Ender.

Bereits seit 1965 ist ein Rudel Rotwild etwa 10 bis 15 Stück im Helbetal heimisch.

Arthur Lauterbach vermerkt in seiner Chronik:

" Rothirsche im Helbetal

1. Hirsch erlegt von Wilhelm Wiogandt am 04.09.1967 überm Schießhüttengrund, aufgebrochen 140 kg, 10 Ender. Hirschrudel beobachtet seit 1965,Stärke 10-15 Stück. 1967 noch ein 12er und. ein 16er.
2. Hirsch erlegt am 17.08. 1968 von Wilhelm Wiegandt aus Kleinbrüchter im Loh Lebend Gewicht 225 12 Ender."

aufgeschrieben von Arthur Lauterbach 1968"

Beide Fotos: aus dem Bestand von Volker Lauterbach

Oben: 1 Hans Barthel, 2 Günter Herrmann, 3 Manfred Barthel, 4 Friedhelm Barthel, 5 Herbert Pößel, 6 Revierförster Wolfgang Hornung, 7 Karl Guckuck, 8 Günter Kliebe (nur der halbe Kopf)

Es ist davon auszugehen, dass die auf dem Foto abgebildeten Hirschtrophäen durch Jäger der Jagdgruppe Großbrüchter bzw. der Jagdgruppe Holzthaleben zur Strecke kamen. Bei der im Bild links hängenden Trophäe handelt es sich wahrscheinlich um den oben erwähnten 2. Hirsch, erlegt von Wilhelm Wiegandt?

Revierförster Horst Niebergall streckte etwa 1970 im Hachelbicher Revier am Steingraben diesen Hirsch
Foto Fam. P. und H. Niebergall

Seit Anfang der 1960er Jahre war ich im Revier Hachelbich als Jagdhelfer tätig. Hier sammelte ich erste praktische jagdliche Erfahrungen.
Während meiner forstlichen Ausbildung konnte ich 1971 das Revier als Praktikant bei Revierförster Niebergall noch besser kennenlernen. Beides waren lehrreiche, prägende, schöne Zeiten.

Der im Steingraben bei Hachelbich geschossene und von Revierförster Albrecht Bracke gestreckte Goldmedaillen Hirsch passen zwar nicht in das geographisch begrenzte Gebiet, kommen aber mit großer Sicherheit genetisch bewertet aus der gleichen Herkunft.

Zum Hachelbicher Revier habe ich enge persönliche Bindungen, die Bergung und Versorgung des Wildes, war für mich als junger Waidmann ein tolles Erlebnis.

Der Goldmedaillen Hirsch meines Kollegen, auf der Hohen Schrecke im Forstamt Sondershausen im Jahre 2008 erlegt, ist ein herausragendes Ereignis welches unbedingt erwähnenswert ist.

Fortfolgend sind die erlegten Hirsche nach Jahren sortiert:

Oberförster Sigmar Dietrich Kleinbrüchter
Kronen 10er.

Erlegt am 25.09.1970 im Jagdgebiet Großbrüchter, Forstabt. Rossungsgrund

Gewicht 134 kg,

Geweihgewicht am 15.04.1971 4,80 kg

Foto Marko Rindermann Kleinbrüchter Enkel von S. Dietrich

Es ist mir immer wieder eine Freude wenn Trophäen und sonstige interessante jagdliche Erinnerungsstücke von nachfolgenden Generationen aufbewahrt und geehrt werden. Nur so wird es als ein altes Kulturgut erhalten.

Lehrer Alfons Bärtel Jagdgruppe Straußberg

Erlegt am 05.10.1971, auf der Morgenpirsch vor dem Eichholz

Der Hirsch ist mit einem Traktor und Hänger der LPG (Landwirtschaftliche Produktionsgenossenschaft) Immenrode zur Oberförsterei auf dem Straußberg gefahren worden. Seit vielen Jahren kam wieder ein Hirsch zur Strecke, es war eine kleine Sensation. Zahlreiche Bürger vom Straußberg und Jäger aus Immenrode konnten zusehen, wie Oberförster Rochlitzer fachgerecht das Haupt mit der Trophäe vom Rumpf abschärfte. Ein erstes Waidmannsheil wurde vor Ort auf den Schützen ausgebracht und mit einem Schnaps begossen.
In der Jagdhütte fand später eine zünftige Feier mit allen Jägern und Jagdhelfern der Jagdgruppe Straußberg statt.

Zu dieser Feier erfolgte für die zukünftigen Erlegungen von Rothirschen folgende Absprache: Der glückliche Schütze ist der Jagdgruppe für jedes Ende eine Flasche Schnaps, für jede Stange einen Kasten Bier und eine ausreichend angemessene Brotzeit schuldig. Der Beschluss erfolgte einstimmig. Auf Nachfrage im vergangenen Winter bestätigten mir junge Jäger aus Immenrode, dass diese Regelung noch heute bekannt ist und ihre Gültigkeit hat.

Erlegt im Januar 1972 auf dem Feld zwischen dem Breiten Loh und dem Bauholz.

Foto Bodo Helbing. Die Trophäe hängt schon viele Jahre an der Gartenlaube im Freien, deswegen stark verwittert.

Die Erlegung dieses Hirsches erfolgte unter folgenden Umständen: Im Rahmen seiner beruflichen Tätigkeit, Horst war Abteilungsleiter Feldbau in der LPG Immenrode, schaute er nach den Wintersaaten des oben benannten Flurstücks. Das Gelände, welches an der Jagdgebietsgrenze zwischen den Jagdgruppen Immenrode und Kleinberndten lag, ist weiträumig einzusehen. Schon von Weitem sah er auf dem Winterweizenschlag ein Rudel Rotwild. Da Horst kein Gewehr im Auto dabei hatte und Kleinberndten deutlich näher war als Immenrode, fuhr er kurz entschlossen zum Jagdleiter Heinz Ehlers, welcher in der Schmiede in Sichtweite tätig war. Er empfing von Heinz Ehlers eine Jagdwaffe samt Munition. Dann stellte er seinen „Trabbi“ vor dem Breiten Loh ab, pirschte das noch auf der Saat äsende Wild, gedeckt durch einen Meliorationsgraben an und erlegte den Hirsch.

Ebenfalls im Jahre 1972 erlegte Revierförster Dittmar Rechner am 29.09. auf der Abendpirsch im oberen Helbetal (Harzungerfeld, Himmelsleiter) einen ungeraden 16- Ender Rothirsch.

Alter 6 Jahre,

Gewicht:155 kg aufgebrochen mit Haupt,

Bewertung der Trophäe

Rothirsch		Maße	Summe	Mittel	Faktor	Punkte
1. Länge der Stangen	links rechts	85,3 86,2	175,1	85,7	0,5	42,85
2. Länge der Augsprossen	links rechts	33,9 31,5	65,4	32,7	0,25	8,18
3. Länge der Mittelsprossen	links rechts	28,6 38,8	67,4	33,7	0,25	8,42
4. Umfang der Rosen	links rechts	20,5 21,0	41,5	20,7	1	20,70
5. Umfang der Stangen, unten	links rechts	15,4 15,1	30,5	15,2	1 1	15,20
6. Umfang der Stangen, oben	links rechts	13,5 13,7	27,2	13,6	1 1	13,60
7. Masse des Geweihes	Gewogen Zuschlag Abschlag	6,4			2	12,80
8. Auslage		64			0–3	2,00
9. Zahl der Enden		15			1	15,00
10. Zuschläge		a) Farbe b) Perlung c) Spitzen der Enden d) Eissprossen e) Kronen			(0–2) (0–2) (0–2) (0–2) (0–10)	1 — 2 2 6
Summe 1–10						149,75
11. Abzüge (Begründung angeben 0–3 P.)						—
Bewertungskommission			Gesamtpunkte			149,75
D. Rechner, W. Wolf			Medaille			
			Bewertet am 25.08.2018			

Herbststimmung

Achim Müller erlegte diesen kapitalen Hirsch am 27.08.1973 im Revier Bebra in der Forstabteilung Hasenbielecke.

Zur AGRA (Landwirtschaft und Forstmesse in Leipzig) sind alljährlich auch die kapitalsten Jagdtrophäen der DDR ausgestellt und von Experten bewertet worden. 1980 erreichte der Hirsch zur Bewertung in Leipzig mit 176,52 Punkten eine Bronze-Medaille.
Das Alter 5-6 Jahre, Gewicht 150 kg aufgebrochen, ohne Haupt.
Es stellt sich die Frage ob dieser kapitale Hirsch noch auf die Gene der im Revier Rettgenstedt in den 30er Jahren eingebürgerten Hirsch zurück zu führen ist?

Hirsch, erlegt von Kurt Stolze

Der Lehrer Kurt Stolze aus Kleinberndten erlegte diesen Hirsch am 03.10.1974 um 14:30 Uhr im Helbetal am Furtweg.

Linke Stange 6 Enden,
Rechte Stange 6 Enden (davon 4 in der Krone, es fehlt die Eissprosse)
Geweihgewicht 3,85 kg.
Alter 5 bis 6 Jahre (Bewertung auf der Rückseite vom Geweihschild, Bewerter unbekannt)

Zusammen mit seinem Bruder Helmut und dessen Sohn Heiko wurde der Hirsch geborgen.

Leitbruch die gewachsene Spitze zeigt in die Fluchtrichtung des Wildes.

Axel Kühnert
erlegt im Revier Bebra August 1982

Ungerader Achter

Revierförster Wolfgang Wolf mit Rothirsch

Foto: M.Wolf

Erlegt am 07.01.1994 Revierteil Harzunger Feld Forstabteilung 613 "Lange Wedemark"

Ungerader Achter, dritter Kopf, linke Stange 3 Enden, rechte Stange 4 Enden. Diesen Hirsch hatte ich bereits mehrere Male gefährtet, der Schalenabdruck des linken Hinterlaufes zeigte eine Anomalie. Nach der Erlegung stellte ich eine gut verheilte leichte Verletzung oberhalb der Afterklauen fest. Die Ursache dieser Verletzung kann viele Gründe haben. (z.B. alte Schussverletzung, Messer von Mähwerken, Verkehrsunfall).
Nach mehreren Ansitzen am Wechsel gelang mir der Abschuss am Abend.

Abwurfstange gefunden Mitte der 1990er Jahre Harzungerfeld

Forstabteilung 610 "am Laubtal"

Abwurfstange 6 Enden: Augspross, Mittelspross Eisspross, 3-er Krone

Skelettfund: Im Revierteil Harzungerfeld Forstabteilung 614 Buschwedemark.

Anfang 1990er Jahre

Jürgen Wehrsenger

Einseitiger Kronen 12er links 3er Krone, rechts Gabel

1989 im Laubtal Revierteil Harzungerfeld erlegt

Klaus Eigenrodt
erlegt im Revier Bebra

Schmiedemeister Gerhard Hartung Immenrode

Im November 1980 setzte sich Gerhard Hartung mit seinem Sohn Holger auf einer Kanzel in der Immenröder Flur, unterhalb des Steinholzes, am Rittelgraben zur Jagd an. Aus Richtung Helbetal wechselten zuerst zwei Alttier mit Kälbern, zeitlich versetzt passierten die oben abgebildeten Hirsche auf dem gleichen Wechsel die Ansitzkanzel. Rotwild war zur damaligen Zeit in unseren Revieren sehr selten, Gerhard war bestimmt etwas erregt. Mit dem ungewohnten Drilling schoss er auf ein Kalb vorbei. Er merkte aber sofort, dass er die Waffe nicht auf Kugelschuss umgestellt hatte. Die Entfernung war für das abgefeuerte Flintenlaufgeschoss viel zu weit. Als sich die Hirsche in Kugelschussentfernung näherten, klappte es besser.
Nach der Erlegung fuhr Holger mit dem Moped auf die LPG nach Immenrode zum Jagdleiter Helbing. Mit den Worten: „Horst, du musst einen Traktor mit Hänger und Männer zum Aufladen in den Rittelgraben schicken. Wir haben große Beute gemacht. Diese können Vater und ich nicht mit dem Moped bergen.“ bat er um Hilfe. Es hat sich im Nachhinein herausgestellt, dass im oberen Helbetal eine Drückjagd war. Das Rotwild ist wahrscheinlich von dort heran gewechselt.
(mündlicher Bericht von Holger Hartung)

8er Hirsch von Büroleiter J. Fischer FA Ebeleben

Erlegt an der Kirrung am 28.10.1989
Der Hirsch hatte einen alten Brennecke Schuss auf der Blattschaufel, welcher nicht in die Kammer durchgeschlagen ist.

Otto Teichmann Großfurra

Ungerader Kronen 12er, erlegt zur Hubertusjagd am 04.11.1978 im Revier Großfurra in der Forstabteilung Beckersberg, 133 kg

6er Hirsch erlegt von Oberförster Heinz Schönfeld
Herbst 1979 Revier Bebra Forstabteilung Königsplatz.

8er Hirsch erlegt von Oberförster Heinz Schönfeld
zu einer Drückjagd im Dez. 1980 Revier Bebra.

8er Hirsch Gerald Kaiser

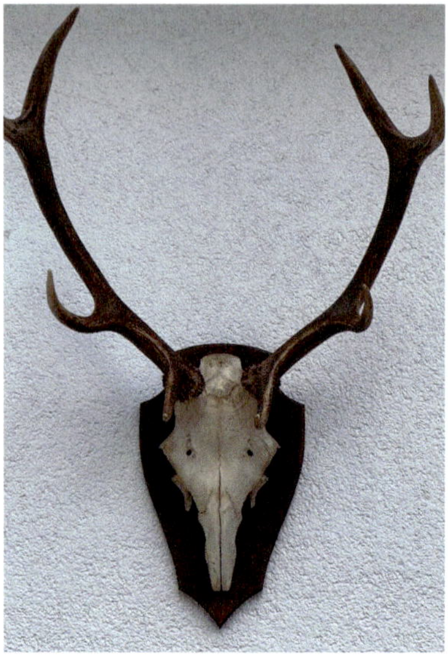

Foto Henry Kaiser

erlegt im Revier Bebra.

8er Hirsch Rainer Klockmann

Alter: 5 Jahre

Gewicht: 158 kg aufgebrochen mit Haupt
Jagdgebiet: Großfurra: Hochwald (am Rittweg)

8er Hirsch Rolf Fridrich, Toba

Erlegt: 09.10.1994 im "Burghagen Waldgenossenschaft Toba".
Rolf Friedrich und Dr. Klaus Birke waren zusammen am Morgen auf Ansitz.

Geschossenes weibliches Rotwild und Spießer sind in der Jägerschaft nicht so intensiv in Erinnerung geblieben wie Hirsche. Trotz großer Lücken konnte in Gesprächen mit ehemaligen Jagdleitern und älteren Waidgenossen noch einiges recherchiert werden, z.B.: Jagdgebiet Kleinberndten:

02.12. 1979	Wolfgang Sander	1 Alttier
02.12. 1979	Refö. Günter Herberg	1 Schmaltier
22.10.1983	Helmut Stolze	1 Alttier
25.10. 1985	Helmut stolze	1 Alttier
13.01.1987	Roland Isserstedt	1 Alttier
14.o1.1987	Roland Isserstedt	1 Alttier
14.01.1987	Roland Isserstedt	1 Spießer
08.03. 1987	Helmut Stolze	1 Rotwildkalb
10.09. 1988	Rainer Klockmann	1 Rotwildkalb

Jagdgebiet Großfurra:

	Rainer Klockmann		1 Spießer (Immenröder Tor)
vor 1989	Helmut Schmidt		1 Alttier
	Otto Teichmann	Rittweg	1 Spießer
	Otto Teichmann	Rittweg	1 Schmaltier
1982	Heinz Seger	Gillingsweg	1 Alttier (aus den schönen

Grandeln fertigte ein Nordhäuser Goldschmied einen Ring für die Gattin)

Revier Bebra:

Roland Isserstedt Revier	1 Alttier
22.01.1990 Roland Isserstedt	1 Spießer
1994 Roland Isserstedt	1Alttier
2019 Roland Isserstedt	1 8er Hirsch Trophäe nicht mehr vorhanden.
Günter Beyer	1Spießer
Klaus Eigenrodt	1 Spießer

Forstamt Ebeleben Staatsforst Revier Helbetal:

15.08.1992	Wolfgang Wolf	Laubtal	1 Hirschkalb
20.09.1992	Wolfgang Wolf	Laubtal	1 Alttier
09.12.1994	Gerhard Köhler	Harzungerfeld	1 Hirschkalb

Revier Holzthaleben:

1984 in der Jagdgesellschaft Holzthaleben	6 Stück Rotwild, Alttiere, Schmaltiere und Kälber
26. 09. 1992 im Jagdgebiet Holzthaleben	1w. Kalb
Jan. 1993 Detlef Kirchhof Holzthaleben	2 Spießer
28.09. 1995 Detlef Kirchhof	1 m. Kalb

Die Aufstellung der Hirsche, Spießer und des weiblichen Rotwildes erhebt nicht den Anspruch auf Vollständigkeit. Nach den Erinnerungen ehemaliger Jagdleiter, Erleger, älteren Waidgenossen und der Auswertung noch vorhandener Streckenlisten war eine genauere Auflistung nicht mehr möglich. So ist es mir zum Beispiel trotz intensiver Bemühungen nicht gelungen, belastbare Informationen aus dem Revier Keula zu erhalten.
Bis in die aktuelle Zeit werden immer wieder Beobachtungen von Rotwild gemeldet. Neuester Nachweis: Von der Wildkammera des Pächters Axel Strickrodt sind am 14.03.2024 1 Spießer, 1 Alttier, 1 Schmaltier und ein Kalb im Jagdgebiet "Kleinberndtener Rieten" aufgenommen wurden.

Herzlichen Dank an alle Waidgenossen und Hinterbliebenen, welche mir ermöglichten, noch vorhandene Geweihe zu fotografieren.

Schälschäden durch Rotwild

Verbißschäden durch Schalenwild

Erkenntnis welche aus dem vorhandenen Material gezogen werden können:
Es ist gutes Erbmaterial vorhanden.
Ein großer Teil der erlegten Hirsche ist viel zu jung geschossen worden.
Ein Grund, warum entschieden wurde, das Rotwild in unseren wertvollen Laubwaldrevieren nicht zu bewirtschaften, waren die hohen Wildschäden.

Herbststimmung im Feuergrund. in diesem Revierteil war noch Ende der 1970 er Jahre eine Hirschbrunft zu erleben.

Bruchzeichen:

Zweige bestimmter Baumarten z.B. Eiche und Fichte finden auch heute noch häufige Anwendung als Bruch.

Zur Verständigung unter den Jagd- und Forstbeamten finden vereinzelt bis in die heutige Zeit Bruchzeichen Verwendung. Diese uralte Nachrichtenübermittelung erfolgt heute über Handy, GPS oder Sprechfunk. Zum Markieren von Schweiß (Blut von verwundetem Wild) in der Fährte werden Bruchzeichen immer noch angewendet. Einige Bruchzeichen, um dieses Wissen nicht in Vergessenheit geraten zu lassen:

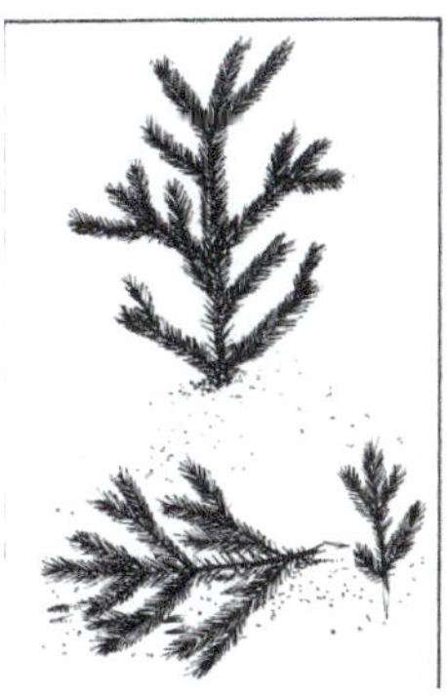

Anschußbruch: mit Fährtenbruch, Hirsch nach links geflüchtet. Dieser Bruch wird gelegt, wenn ein Jäger Wild beschossen hat, welches geflüchtet ist. Er dient dazu, dass ein später zur Nachsuche kommender Hundeführer den Hirsch ohne die Anwesenheit des Schützen suchen kann.

Wartebruch: Aufforderung an diesem Platz zu warten

Warten aufgegeben:
Der Jäger hat das Warten abgebrochen.

Warnbruch:
fordert zu allgemeiner Aufmerksamkeit auf, warnt vor Gefahren, z.B. gefährliche Wegestellen, angeschossenem Wild oder sonstigen Gefahren.

5. Das Schwarzwild

1758 beschreibt Carl von Linne erstmalig die Art Wildschwein (Sus scrofa Linnaeus). Das in unserem Raum lebende Wildschwein gehört zu der von Linne beschriebenen Unterart Mitteleuropäisches Wildschwein. Das Verbreitungsgebiet ist West- und Mitteleuropa bis zu den Pyrenäen, die Alpen und dem Nordwesten der Slowakei bis in die Grenzgebiete Russlands, etwa bis zum 25. Längengrad. Auf den Britischen Inseln und in Südskandinavien war es ausgerottet, ist zum Teil neu eingeführt oder eingewandert. So beschreibt Dr. Briedermann in seinem 1986 herausgegeben Buch "Schwarzwild" das Verbreitungsgebiet dieser Wildart.

In der Eiszeit waren die Sauen weitgehend aus ihrem bis dahin angestammten Verbreitungsgebiet in wärmere, südlichere Gefilde abgewandert. Nach seiner Wiedereinwanderung in der Nacheiszeit war das Wildschwein für die menschliche Ernährung von großer Bedeutung. In alten Höhlenzeichnungen wurde es dargestellt. Diese frühen Bilder dienten dem Jagdzauber. Sie belegen den hohen Stellenwert dieses Wildes. Archäologische Funde aus jener Zeit belegen, Schwarzwild war neben Rotwild eines der häufigsten Beutetiere. In der altslawischen Burg Zehren bei Meissen konnten Ausgrabungen belegen, dass Wildbret von Wildsauen ca. 60% der fleischlichen Ernähnung ausmachten.
(Herrmann, 1974)

Rotte im Helbetal

Mit der Intensivierung des Ackerbaus und der Viehzucht ging der Anteil des Wildfleisches an der Ernährung der Menschen zurück. Dafür trat die Wildschadenabwehr in den Vordergrund. Eine Bejagung war zwingend, sollten die Speicher nicht leer bleiben.
Neben den rein wirtschaftlichen Funktionen spielte bei der Bejafung ein anderer Faktor eine wichtige Rolle, die körperliche Ertüchtigung. Über einen langen Zeitraum waren kämpferische Auseinandersetzungen zwischen den Stämmen von erstrangiger Bedeutung für die Existenz der Stammesgemeinschaften. Das Kräftemessen mit wehrhaftem Wild war ein hervorragendes Training für die körperliche Gewandtheit, den Waffengebrauch. Hier konnten die Krieger ihren Mut beweisen. Daher fehlt der Kampf mit dem Keiler auch nicht in den Sagen und Darstellungen der Völker des Altertums.
Bis ins Mittelalter fasste man in dem Sammelbegriff Schwarzwild die Wiesente, den Ur und die Wildschweine zusammen. Nach dem Rückgang des Wisents und Urs trifft heute die Bezeichnung nurnoch für die Wildsauen zu.
Neben dem Rotwild und den Bären waren die urwüchsigen, wehrhaften, faszinierenden Wildscheine schon im Mittelalter eine für die Jagd beliebte Wildart. Wichtig war und ist bis in die heutige Zeit die Abwehr von Wildschäden und aktuell die Verhinderung der Ausbreitung von Seuchen, welche vom Wildschwein auf Haustierbestände übertragen werden können (Afrikanische Schweinepest, ASP).
Natürlich jagten auch die Fürsten von Schwarzburg Sondershausen mit großer Passion auf diese faszinierende Wildart. O. von Krieger beschreibt in allen Einzelheiten eine Sauhatz auf dem Possen am Hubertustag (03.11.1819).
Im Winter 1906 ist bei einer solchen Sauhatz Fürst Karl Günther von Schwarzburg-Sondershausen durch einen Keiler am Knie schwer verletzt und zu Boden geworfen wurden. Von dieser Wunde konnte er sich nicht wieder vollständig erholen. Er verstarb 1909 in Dresden an den Spätfolgen.

Wie oben unter Punkt Jagdgeschichte im Fürstentum Schwarzburg- Sondershausen beschrieben, schoss die Jägerei 1819 den gesamten Schwarzwildbestand im Wildgatter der Hainleite. In dieses 6000 ha große Gatter kam 1820 das Rotwild aus dem Bürgerholz der Stadt Sondershausen. Die Wildschäden waren für die Stadt nicht mehr tragbar.
Seine Durchlaucht entschied: Damit dass zu zahlreich vorhanden Rotwild den Waldungen meiner lieben Bürger keinen Schaden mehr zufügt soll es in die Hainleite umgesetzt werden. Erst nach 1935 tauchte im Bendelebener Forst, aus dem Harz kommend, wieder Schwarzwild auf. (Jagd im Kreis Sondershausen Herausgabe 1983)
In den Jahren nach 1945 vermehrten sich die Wildschweine auf Grund ihrer hohen Vermehrungsrate und mangelnder Bejagung rasch. Die Vermeidung von Feldschäden ist bis heute immer aktuell. Eine Bejagung ist dauerhaft erforderlich. Moderne, neue wildbiologische Erkenntnisse der Schwarzwildforschung weisen darauf hin, dass Schwarzwild nicht nur bejagt sondern auch bewirtschaftet werden soll.
Ab 1971 sind in der ehemaligen DDR Jagdgebiete für das Schwarzwild bonitiert worden. In deren Folge wurden Schwarzwild-Bewirtschaftungsgebiete gebildet, und ab 1980 erfolgte eine Rahmenrichtlinie zur Bewirtschaftung des Schwarzwildes.
Die Bejagung erfordert nach wie vor vom Jäger ein hohes jagdliches Können. Die Sauen sind mit wachen Sinnen ausgestattet, sehr lernfähig, anpassungsfähig und intelligent.
Die Jägerschaft sollte sich freuen, heute noch auf eine so faszinierende Wildart in unseren Jagdgebieten waidwerken zu könne und dieses urige Wild mit Respekt behandeln. Ob die neu geschaffenen optischen Möglichkeiten, nun auch nachts bei völliger Dunkelheit auf das Wild schießen zu können, die Probleme lösen oder eventuell neue schafft, wird die Zukunft zeigen.

Zauber der Jagd – Öelgemälde von Jan Fyd

6. Das Großraubwild

6.1. Bären

Bis weit ins 18.Jhd. hinein gab es in Thüringen noch Bären, Wölfe und Luchse. Dieses damals schon recht seltene Wild, das nach alten Berichten oft großen Schaden im Wild- und Viehbestand anrichtete, erregte die Jagdleidenschaft des Adels und der Jägerei besonders. Es war ein großes und gefährliches Abenteuer den von Hunden gestellten Bären mit der Bärenfeder zu erstechen oder auf der Pirsch mit alten Lunten-Radschlossbüchsen zu erschießen. Über die Erlegung oder den Fang dieses edlen Wildes informierte der Erleger meist die fürstliche Nachbarschaft. Kammerrat O. v. Krieger hat in den gräflichen Archiven eine solche Nachricht gelesen:
Der Graf Günther XLI. hatte 1568 anlässlich eines Besuchs beim Kurfürsten in Dresden die hohe Ehre, einen Bären mit dem Bärenspieß zu stechen. In Erinnerung an diese Ehre sandte Graf Günther XLI. einen in seiner Grafschaft (wahrscheinlich auf dem Thüringer Wald) 1572 gefangenen Bären an den Kurfürsten August von Sachsen nach Dresden. Ein gräflicher Jäger überbrachte das Tier.
In jener Zeit war es üblich, dass die hohen Herren in ihren Residenzen einen Tiergarten unterhielten. Auch die Fürsten von Schwarzburg Sondershausen hatten auf ihrem Jagdschloss Possen einen Bärenzwinger. In diesem waren bis in die 1960er Jahre Bären unter heute unmöglich vorstellbaren schlechten, tierschutzwidrigen Bedingungen eingesperrt.
Die Tradition für das Volk auf dem Possen Bären zu halten, besteht bis heute. Natürlich sind die Lebensbedingungen für die Bären heute vorbildlich. In einem weiten eingezäunten Waldstück mit Bademöglichkeit und frostsicherem Haus haben die Tiere jetzt gute Lebensbedingungen. Unter Umständen muss der Besucher lange beobachten, um das Wild im Waldesdickicht zu erspähen. Die Bärenanlage wird besonders von Kindern gerne besucht.

Alter Bärenzwinger am Jagdschloss Possen Aufnahme ca. 1962

Neues Bärengehege, Marlies Wolf mit Enkel Rafael

Zitat des überlieferten Dankschreibens für den nach Dresden gelieferten Bären:
"Anschrift:
dem wolgebornen und Edlen unserm lieben getreuen, Herrn Guntlern Graffenn zu Schwarzburgk Herrn zu Arnstadt und Sondershausen.
Von Gottes gnadenn August Herzogk zu Sachsen Churfürst und Burggraff zu Magdeburgk

Unseren Gruß zuvornn, Wohlgeborener und Edler lieber getreuer, Wir haben Euer schreibenn dem zugeschickten Behren vonn Eurem Jeger Henßlein zu Angenehmen gutten Gefallen entpfangen unnd dem selben heutt Auff Gruner Heid sein Recht getahan, Thuenn uns solcher Überschickung gnedigst bedanken, und wollenn solches hinwieder mit gnedigenn und gunstigen Villen beschulden und vergleichen. Datum Dreßden den 14. May Anno 1572." (9 Krieger Die hohe und die niedere Jagd im FSS Seite 3)

Von 1611 -1653 kamen in Sachsen und der Grafschaft Schwarzburg 203 Bären zur Strecke. Diese Zahl der in 42 Jahren erlegten Bären (ca. 5 St./ Jahr) in einem so großen Gebiet zeigt, dass Bären schon im 15. Jh. selten waren.
"Die beiden Durchl. Prinzen von Schwarzburg haben vor wenigen Jahren 3 Stück alte und 2 Junge Bären auf ihrem Jagdbesitz in den nördlichen Karpaten mi der Büchse erlegt.

Die letzteren wurden gefangen und lebend hierher transportiert. Sie befinden sich gegenwärtig, zu großen, stattlichen Exemplaren herangewachsen, in dem Bärenzwinger auf dem Possen."(Die hohe und niedere Jagd S.19) Es ist anzunehmen, dass etwa ab 1850 Bären auf dem Possen gehalten wurden.

Im Januar 1877 schoss der Erbprinz von Schwarzburg- Sondershausen auf seiner Besitzung in demselben Teil der Karpaten wiederum 3 Bären.

Internet

Die letzten 2 Bären auf Schwarzburger Gebiet sind 1765 bei Kursdorf und 1782 bei Katzhütte zur Strecke gekommen.
Otto von Krieger schreibt: "*In den Archiven der Thüringer Fürstenhäuser sind nur wenige ausführliche Aufzeichnungen über die Jagd auf Bären erhalten"*.
Die hohe und die niedere Jagd im FSS Seite 3

Die meisten Raub-und Mordgeschichten vom Bären, welche von unseren Vorfahren in der Regel von Mund zu Mund auf spätere Generationen weiter erzählt wurden, sind von Mal zu Mal immer schauriger ausgefallen. Erfahrene Jäger jener Zeit berichten, dass eine Auseinandersetzung mit einem angeschossenen Keiler weitaus gefährlicher sei. Der Bär, welcher sich hauptsächlich von pflanzlicher Kost ernährt, vermied ein Zusammentreffen mit dem Menschen weitgehend.
Ernst Henning ein älterer Freund erzählte mir folgendes Erlebnis aus seiner früheren Heimat: In den Siebenbürger Karpaten sammelten einige Familienmitglieder der Familie Henning im Wald Himbeeren. Ein jeder war mit sich beschäftigt und auf die Beerenernte konzentriert. Ernst führte ein Gespräch mit seiner vermeindlichen Schwiegermutter. Als diese nicht antwortete, sondern nur eigenartige Geräusch von sich gab, schaute er zu ihr rüber. Erstaunt und erschrocken sah er einen riesigen Bären etwa 5m neben sich, der ebenfalls genüsslich Himbeeren verspeiste. Ernst beendete das Gespräch und entfernte sich langsam, ohne dass Meister Petz auch nur die geringste Notiz von ihm nahm.
Der Bär gehörte vor 300 Jahren in Deutschland zur hohen Jagd. Er galt als Jagd-nicht als Raubtier. Er wurde in Netzen gefangen. Die Fährten bestätigter Bären verfolgten Leithunde.

Der gefundene Bär ist sodann von Hatzhunden festgemacht und mit dem Bärenspieß zur Strecke gebracht worden. Für diese Jagdart gab es an den fürstlichen Höfen große, kräftige Hunde, besonders englische Doggen.
Für die Bärenjagd suchte die Jägerschaft die gefährlichsten und schärfsten Hunde aus den Hatzmeuten aus.
Diese Hunde hatten eine extreme Raubwildschärfe und waren sehr aggressiv. Otto von Krieger berichtet aus seiner Jugendzeit: "*Ich will hier erwähnen, dass auch mein Vater auf seinen 5 fürstlichen Pachtdomänen die Verpflichtung hatte, 12 Stück Hatzrüden unterhalten zu müssen. Um seinen gnädigen Landesherren bei jeder Gelegenheit gefällig zu sein, hatte er außer diesen noch 4 Stück freiwillig in Verpflegung übernommen. Eines Tages hatten zwei dieser unbändigen Hunde, welche aus Unvorsichtigkeit von ihren Ketten losgekommen waren, sich unter dem Thore eines Schafstalls durchgezwängt und waren so in den Schafstall eingedrungen, wo sie eine ungeheurere Niederlage unter den Hammeln angerichtet hatten. Einige 50 Stück waren theils todtgebissen……. Der eine von diesen beiden Hunden wurde später als nicht mehr zähmbar und zur Vergeltung für seine Missetaten erschossen.*" (Die hohe und niedere Jagd Seite19)

Nach dem die Bärenjagden erloschen sind, benutzte die Jägerschaft diese Hatzhunde für die Sauhatz.
Am 12.November 1600 konkretisierten die Grafen Hans Günther und Christian Günther von Schwarzburg- Sondershausen in einer neuen Jägerordnung, für die in der Hainleite diensttuende Jägerei die Jägerrechte wie folgend:

Es sei den Jägern gestattet „*die jagdschädlichen Thiere : Bären, Wölfe, Luchse, Dachse, Füchse, Wildkatzen, Geier, Habichte und Schanbausen (Uhus) zu pürschen.*" *11 Krieger Die hohe und die niedere Jagd im FSS Seite12*

Die Jäger werden verpflichtet, die Bälge erst dem Grafen zum Kauf anzubieten.
Eine Bärendecke brachte anderthalb Thaler, eine Hirschhaut 18 Gr., eine Wildhaut 12 Gr. eine Rehaut 3 Gr., ein Wolfsbalg einen Thaler, ein Fuchsbalg 8 Gr., ein Luchsbalg 1/ein halb Thr., ein Wildkatzenbalg 4 Gr. Die Dachshaut und besonders das Dachsfett ist dem Sondershäuser Schösser zu verkaufen.
In den folgenden Jagdverordnungen 1700, 1756, 1780 ist der Bär nicht mehr erwähnt.

6.2. Wölfe

Wölfe und Wolfsjagden hatten in den vergangenen Jahrhunderten eine weitaus höhere gesellschaftliche Bedeutung wie das Bärenwild. In alten Unterlagen sind immense Schäden am Viehbestand und auch Übergriffe auf Menschen überliefert. Das häufige Vorkommen von Wölfen ist immer wieder in Archiven, Büchern, und Berichten dokumentiert.
Wölfe waren in Europa niemals ausgestorben. In Russland, im Baltikum, in Polen, Italien, Frankreich, in den Karpaten, in Spanien und in Skandinavien sind Wölfe bis heute durchgängig als Standwild präsent. Selbst zu DDR-Zeiten sind immer wieder Wölfe von Polen eingewandert. Diese Wölfe unterlagen dem totalen Abschuss. In der Fach- und Lokalpresse fanden solche Wolfseinwanderungen ständig Erwähnung.

Büchenbrunnen

Durch das wieder Erstarken der Wolfsbestände in Deutschland werden häufig Übergriffe auf Weidetiere, Jagd- und Hofhunde sowie Verkehrsunfälle bekannt. Es vergeht kaum ein Tag, an dem nicht in der Presse, den sozialen Medien oder im Fernsehen berichtet wird.
In einem dicht besiedelten, hoch entwickelten Industrieland mit intensiver Landwirtschaft ist der Staat dafür zuständig, durch die Schaffung entsprechender Gesetze dafür Sorge zu tragen, dass eine vernünftige, ständig angepasste Anzahl von Wölfen in dafür geeigneten Landesteilen leben kann (z.B. Militärgebiete oder dünner besiedelte Landesteile). In Gebieten, wo aus objektiven Gründen ein Wolfsvorkommen nicht möglich ist, sollte den Wölfen durch scharfe Bejagung deutlich klar gemacht werden, das Menschen zu meiden sind. Wölfe sind sehr intelligente Tiere, welche sehr schnell lernen, wo ein guter Lebensraum für sie ist oder wo Gefahr für sie droht. Die Festlegung einer Obergenze des Bestandes ist notwendig. In den meisten Ländern, in denen schon immer Wölfe leben, werden sie bei Erreichen der Obergrenze zum Abschuß freigegeben. Bewußt benutze ich das Wort Abschuß, um die neuartige sanfte Umschreibung Entnahme zu vermeiden. Wir sollten darauf zurückkommen, die Dinge beim Namen zu nennen. Für diese brisante Aufgabe ist niemand besser ausgebildet als die Jägerschaft, entsprechende, eindeutige Gesetze vorrausgesetzt.
Warum wird in Deutschland meist der politische Wille einer fanatischen Minderheit höher angesetzt als die Meinung einer vernünftigen Mehrheit?
In einem Land wie Schweden (fast doppelt so groß wie Deutschland) ist die Obergrenze der Wolfspopulation auf etwa 400 Individien festgelegt. Da der Bestand auf ca. 480 geschätzt ist, waren 180 Wölfe zum Abschuss für das Jahr 2023 freigegeben.
In meinem großen Bekanntenkreis unter Forstleuten, in der Jägerschaft und Landwirtschaft kenne ich nur sehr wenige, die dem Wolf feindlich gegenüber stehen. Fehlende Gesetze, Durchführungsbestimmungen und die dadurch bestehende Rechtsunsicherheit verhindern einen sachlichen Umgang mit der Thematik.
Die gezielte Verdummung großer Teile der Bevölkerung stellt Wölfe als harmlose „Kuscheltiere" dar. **Der Wolf ist kein Kuschltier.**

Aus vergangenen Jahrhunderten sind in einer Vielzahl von Quellen wie Zeitschriften, Fachbüchern, Kirchenbüchern und anderen Dokumenten gefährliche, ja tötliche Zusammentreffen mit Wolfsrudeln und Menschen dokumentiert. In seinem Buch "Aus Karpatenwald und Heimat" beschreibt Otto vom Heidehof,(S. 263 ff.)
einige Begebenheiten aus dem ausgehenden 19. und beginnenden 20. Jh..

In den Transsilvanischen Karpaten gab es schon immer, und gibt es auch heute noch, große Wolfsvorkommen.
Der gräfliche Oberheger Joska berichtet von einem Dienstgang im Winter 1911. An einem kalten Tag begab sich der Heger in seinen ausgedehnten Dienstbereich, um Wildfütterungen zu kontrollieren. Sein Dienstvorgesetzter warnte ihn, er solle einen Jägerburschen mitnehmen. Im harten Winter 1911 war es schon zu mehreren Zwischenfällen mit Wolfrudeln gekommen. Sogar der Doktor mache seine Krankenbesuche mit dem Schlitten nur in Begleitung von zwei bewaffneten Beschützern. Der Heger sagte, er habe genug Munition, seine Büchse, einen Revolver und den Hirschfänger dabei, dieses dürfte zu seiner Sicherheit wohl reichen.
Da der Riemen seine Skibindung zerriss, verspätete sich die Rückkehr, so dass der Jäger in die Dunkelheit geriet. Zu seinem großen Glück erhellte der Mond die beginnende Nacht. Ein großes Wolfsrudel griff den Jäger an, der bei hoher Schneelage stark in seinem Fortkommen behindert war. Nachdem er 13 Wölfe erschossen hatte, konnte er sich mit Mühe und Not auf den Heuboden einer Wildfütterung retten, wo er die Nacht verbrachte.
Sehr oft werden ähnliche Begebenheiten in der heutigen Zeit als nicht nachweisbar abgetan. Meine Meinung: Warum sollen gestandene Persönlichkeiten wie z.B.der Königlich Rumänische Oberjägermeister von Spieß, Forst- und Polizeibeamte sowie Pfarrer, welche in ihren amtliche Unterlagen und Kirchenbüchern über solche Vorkommnisse berichten, lügen? Diese Berichterstatter als Lügner abzutun ist schon mehr als arogant.

7. Die frühbürgerliche Revolution 1848 in Deutschland und ihr Einfluss auf die Jagd

Die Wandlung von einem Agrarland in eine Industrienation, erzwungen durch die Industrieelle Revolution, schaffte die Voraussetzungen für das Ende der Vielstaaterei in Deutschland. Im Februar 1848 schlossen sich die deutschen Kleinstaaten zum Deutschen Bund zusammen. Die Erarbeitung einer Reichsverfassung begann im Juni. Durch die im Januar 1849 beschlossene Verfassung waren die Fürsten zu einigen liberalen Zugeständnissen gezwungen. Zum Beispiel:
Freie Wahlen, Schaffung einer Nationalversammlung (Parlament), freie Presse, Ende der Leibeigenschaft, Ende der Frondienste, unabhängige Gerichte. Otto von Bismark erarbeitete ein Sozialgesetz u.v.m.
Diese tiefgreifenden Änderungen hatten natürlich einen starken Einfluss auf die Ausübung der Jagd. Das Jagdrecht hatten nicht mehr ausschließlich die Landesherren. In einer kurzen Übergangszeit konnten Landeigentümer auf ihren Grund die Jagd ausüben, egal wie groß der Besitz war. Diese Regelung führte zu einer fast völligen Ausrottung der Wildbestände. Eine Änderung erfolgte kurzfristig, ein Jagdgebiet musste eine Mindestgröße haben.
Aus einem reichhaltigen Fundus des Heimatforschers Arthur Lauterbach stellte mir sein Sohn Volker Lauterbach freundlicher Weise einige Dokument aus dieser Zeit zur Verfügung.

Es ist erstaunlich, wie schnell die Bürger und Bauern von ihren neuen Rechten Gebrauch machten. Etwa 325 Jahre früher konnten im Bauern Krieg 1525 die

Bauern ihre Forderungen, freies Jagd- und Fischereirecht, Abschaffung der Frondienste nicht durchsetzen.
Die Revolution 1848 dagegen war ein großer Erfolg.

Die nach 1848 erfolgten jagdrechtlichen Änderungen bedeuteten nicht das Ende der Jagd für den Adel.
Die folgenden Jagdpachtverträge, Jagdscheine und historischen Fotos sind heimatgeschichtlich wertvolle Zeitdokument, welche wichtige geschichtliche Ereignisse in unserer unmittelbaren Heimat dokumentieren.

1849 Erster Pachtvertrag zwischen der Gemeinde und den Pächtern: Gutsbesitzer Herr Friedrich August Heise, Karl Holzhäuser und dem Einwohner Gottfried Schmidt (wahrscheinlich Holzaufseher) Laufzeit des Vertrages: vom 1. Februar 1849-31.Januar 1852. Pachtzins 30Thaler pro Jahr.

"Gemeindes II Protocoll in Großenbrüchter 1784-1855

Pachtkontrakt über

Die Feld und Holz-Jagd zu Großbrüchter

Beurkundet sey" hierdurch der hiesigen Gemeinde und den Gutsbesitzer Herrn Friedrich Heise, Herrn Karl Holzhäuser und dem Einwohner Gottfried Schmidt daselbst nachstehenden Pachtkontrakt über die Feld und Holzjagd zu Großbrüchter geschlossen worden ist.

1.

Es verpachtet nämlich die Gemeinde Großbrüchter, die ihre in hiesiger Feldflur und in und in hiesigen Waldungen gnädigst ertheilte Jagd an den Gutsbesitzer Herrn Friedrich August Heise, Herrn Karl Holzhäuser und dem Einwohner Gottfried Schmidt daselbst, auf drei aufeinander folgende Jahre, als vom 1ten. Februar 1849 bis diesen 1852 für einen auf das Jahr mit. 30 rth. buchstäblich DreißigThalern, in pr. couranten Geldern, (in preußisch gangbaren Geld) fest gesetzter Pacht.

2.

Die hier benannten Pächter verpflichten sich die Pachtgelder von 30 Rth in benannter Münzsorte an den derzeitigen Gemeinde Rechnungsführer hierselbst jedes Jahr zu Jakobi (25. Juli) als zu Jakobi 1849 zu Jakobi 1850 und zu Jakobi 1851 pünktlich abzuzahlen.

3.

Erlaß von der versprochenen Pachtsumme kann niemals und unter keinerlei Bedingungen gegeben werden.

4.

Dagegen überläßt die Gemeinde dem hier im Eingang namentlich angeführten Jagdpächtern ihre Feld und Holzjagd auf drei Jahre.

5.

Die Pächter dürfen die Jagd nicht eher begehen, nur so das Wild schießen, bis die gesetzliche Zeit zur Ausübung der Jagd angeht.

Die Pächter können nur dann das Winterfeld betreten, wenn alle Winterfrüchte abgemäht und eingeerndtet sind. Ein Korn, Weizen, Gerstenstück und überhaupt solln noch stehende Feldfrüchte im Winterfelde, dürfen nicht eher abgesucht und bejagdet werden, bis selbige abgemäht und eingeerndtet sind.

6.

Die Jagd im Sommerfelde kann auch nur dann von den Pächtern ausgeübt werden, wenn die Sommerfrüchte abgemäht und aufgebunden in Garben zu Mandeln (15 Stück) gelegt sind.
Ein Flachs, -Samen,- Rüben,- Wicken,- Erbsen,- Linsen,-und Krautstück kann nur an beiden Seiten des Stücks an den Furchen desselben begangen werden, und so das Wild, welches in diesen Stücken Landes sich aufhält, und den Furchen aus des selben geschossen werden. Der Jagdpächter welcher in der Mitte Kreutz und Quer ein solches Stück in dem Jagdbezirke dieses Feldes begeht, hat 5 rth. Strafe unbedingt an den Eigenthümer des StückenLandes zu bezahlen. Auch hat dieses die Auflösung des Pachtkontraktes zur Folge. Macht sich die Gemeinde ausdrücklich zum Vorbehalt, daß kein Jagdhund von den Jagdpächtern weder im Winter noch Sommerfelde bei Ausübung der Jagden daselbst gebraucht werden soll, weil- durch dieselben die wachsenden Früchte zertreten und zertrümmert werden.

7.

Nach höchster Verordnung vom 16.September1848 ist auch den Jagdpächtern verboten, Fallen welche für Menschen oder Hausthiere gefährlich sind, zu gebrauchen.

8.

Die Pächter dürfen die erpachtete Jagd nicht in Afterpacht (Nachpacht)geben. Sie sind ferner zur persönlichen Ausübung der Jagd verpflichtet.
Stellvertreter, Gehülfen oder Jagdgäste werden nur unter der Bedingung zugelassen, daß sie hierzu von der Gemeindebehörde, welche die Jagd verpachtet hat, Erlaubnißscheine erlangen, welche keiner nach § 3 der höchsten Verordnung pachtunfähigen Person ertheilt werden dürfen. Für Schaden, welcher durch solche Stellvertreter, Gehülfen oder Jagdgäste gestiftet wird, haben die Jagdpächter einzustehen.

9.

Bei nasser Witterung dürfen die Jagdpächter durchaus keine Feldtreibjagden anstellen, weil dadurch unsere Feldfluren, die ohnehin der Nässe ausgesetzt sind, großen Schaden erleiden. Eine Feldtreiben Jagd kann nur bei guter Witterung, wenn die Fluren drocken sind, angestellt werden. Die Ortsbehörde muß hierum jedesmal wenn eine Feldtreiben Jagd angestellt werden soll, in Kenntniß gesetzt werden, nur so die Erlaubnis hierzu ertheilen.

10.

Wild-Diebe haben die Pächter, wenn sie selbige antreffen der treffenden höchsten Behörde zur Anzeige und Bestrafung anzumelden, weil die Gemeinde sich hiermit nicht befassen kann.

11.

Zu Jacobi jeden Jahres soll die Jagd aufgehen und mit dem1. Februar jeden Jahres geschlossen seyn. Die Reh und Schnepfen- Jagd, kann die Erstere, wenn der

Rehbock auf das Blatt geht, und die Letztere zur Zeit, wenn die Schnepfen ziehen, angehen.

12.

Unschädliche Vögel als Singvögel, Lerchen und der gleichen dürfen weder, geschossen noch gefangen werden, weil diese friedlichen Wald und Luftbewohner uns durch ihren Gesang erfreuen und unschädlich sind.

13.

Auch wird noch festgesetzt daß alles Schießen in und nahe des hiesigen Orts durchaus untersagt seyn soll.

14.

Uebrigens wird jeder Einwohner desgleichen Jagdpächter bei Ausübung der Jagd auf eine unseren Zeitalter angemessener sittliche bescheidene Art entgegen kommen, was aber auch von desgleichen Pächtern beansprucht wird.
Gesetz- oder Kontraktswidrige Ausübung der Jagd, sowie Beschädigungen von Grundstücken und deren Früchten bei der Jagdausübung hat die sofortige Auflösung des Pachtkontrakts ohne Entschädigung zur Folge. Die Gemeinde kann in diesen Fällen sogleich ihre Jagd anderweitig oder gegen Jagdschein frei geben.

15.

Die Jagdpächter dürfen durchaus das Wild nicht hegen, weil selbiges Schaden an Früchte thut. Sobald die Jagdpächter selbiges hegen sollten, muß jeder der Ortsbedienstete dies zur Anzeige bringen, können. Der Gemeinde steht das Recht zu, das gejagde Wild durch hierzu beordnete Schützen schießen zu lassen, die sodann den Erlös hieraus in die Gemeindekasse fließen lassen.
Den Pachtkontrakt täglich aufzulösen und so ihre Feld- und Holzjagd anderweitig zu verpachten oder gegen Jagdscheine ausüben zu lassen.
Gesetz-oder Kontraktwidrige Ausübung der Jagd sowie Beschädigungen von Grundstücken und deren Früchte, wenn selbige Jagdpächter angeschuldigt werden , haben die Auflösung des Pachtkontrkts, ohne juristisch Einrede und obrigkeitliche Verfügungen zur Folge.
Schließlich haben die hier benannten Jagdpächter die Gebühren für diesen Kotrakt zu entrichten.
Beide Theile genehmigen den vorliegenden Jagdpachtkontrakt in allen aufgeführten Punkten und haben denselben eigenhändig unterschrieben.

Großbrüchter den 1.Februar 1849"

(Schriftübertragung: Volker Lauterbach Großbrüchter am 30.05. 2023)

Aus den vorliegenden Akten geht nicht hervor, ob die vom Gemeindevorstand abgeschlossenen Verträge einer höheren Behörde zur Genehmigung vorgelegt werden mussten.
Einige Passagen erscheinen mir, auch nach damaliger juristischer Bewertung sehr fragwürdig. Sehr aufschlussreich ist die dürftige Festlegung von Jagd- und Schonzeiten. Der Aufgang der Jagd ist ohne Erwähnung von Wildarten auf den 25. Juli (Jakobi) festgelegt. Die Jagd auf den Rehbock beginnt mit der Blattzeit ohne genaue zeitliche Festlegung. Die Blattzeit beginnt je nach der Witterung, jährlich unterschiedlich, Anfang Juli und endet Mitte August.

Die Jagd auf Schnepfen ist mit dem Beginn der Zugzeit, ebenfalls wetterbedingt, Ende März Anfang April offen.
Wie beschrieben führte der Fürst großangelegte Vogelfänge auf Singvögel durch. Wenige Jahre später war der Fang verboten.
Die im obigen Pachtvertrag genannten Pächter haben nach Ablauf der dreijährigen Pacht die Jagd nicht wieder erhalten.
Der anschließende Vertrag ist am 07.02.1852 bis Feb.1855 für 29 Rth. mit dem Fürstlichen Kammerherrn Otto von Krieger abgeschlossen worden, dokumentiert im Gemeindeprotokollbuch 1852.
Otto von Krieger war Pächter der Domäne Peukendorf.
Otto von Krieger, Kammerherr und Kammerrat ist der Autor des 1878 in Trier erschienen Buches. "*Die hohe und niedere Jagd in ihrer vollen Blüthe zur Zeit des regierenden Fürsten Günther Friedrich Carl I von Schwarzburg Sondershausen.*"

Amtsrat Carl Buse, geb. am 03. Dez. 1845 in Ellrich. Domänen Pächter in Peukendorf.

Beschriftung auf der Rückseite des Fotos:
Auf der Treibjagd am 28.12.1929 in Peukendorf wurden von 14 Schützen nur 15 Hasen geschossen, da nur wenige Hasen vorhanden waren.
Amtsrat Buse schoß 2 Hasen.
Er ließ sich in Ellrich alleine begraaben, dort war er Geschäftsmann und Holzfuhrmann mit seinen Söhnen Fritz und Karl, der im 1. Weltkrieg fiel.
der alte Karl war ein rigoroser und durchtriebener Mensch.

Fotoarchiv Volker Lauterbach.

In den Protokollbüchern der Gemeinde Großbrüchter sind in lückiger Reihenfolge Pachtverträge bis in die dreißiger Jahre des vorigen Jahrhunderts von Artur Lauterbach gesammelt und von seinem Sohn Volker Lauterbach über die vielen Jahre bewahrt worden.

Ein in Großbrüchter im Februar 1912 abgeschlossener Pachtvertrag musste, wie ersichtlich vom Fürstlichen Schwarzburger Landrat genehmigt werden.

Nr. 96 1915/16

Fürstent. Schwarzb.- Sondershausen.

Jagd-Schein

für Herrn Landwirt Albin Lauterbach
in Großbrüchter

ausgestellt auf Grund der §§ 11 u. ff. des Gesetzes vom 17. Febr. 1870
auf die Zeit vom 1. März 1915 bis dahin 1916

Sondershausen, den 4. Juni 1915.

Fürstl. Schwarzburg. Landrat.

Jagdschein und Waffenkarte
von Alwin Lauterbach

Volker Lauterbach, Großbrüchter

Gesetz vom 3. Februar 1874.

Grün: Jagdzeit. Schwarz: Schonzeit.	Januar	Februar	März	April	Mai	Juni	Juli	August	September	Oktober	November	Dezember
Männliches Rot- und Dam-Wild.		■	■	■	■	■						
Weibliches Rot- und Dam-Wild, Wildkälber.		■	■	■	■	■	■	■	■	■ 16.		
Rehbock.		■	■	■	■							
Weibliches Rehwild.	■	■	■	■	■	■	■	■	■	■ 16.		14. ■
Rehkälber.	■	■	■	■	■	■	■	■	■	■	■	■
Dachs.	■	■	■	■	■	■	■	■	■			■
Auer-, Birk-, Fasanen-Hähne.						■	■	■				
Enten.				■	■	■						
Trappen, Schnepfen, wilde Schwäne etc. (§ 1 No. 9.)					■	■						
Rebhühner.	■	■	■	■	■	■	■	■				■
Auer-, Birk-, Fasanen-Hennen, Haselwild, Wachteln, Hasen.		■	■	■	■	■	■	■				

Die Rückseite eines
Jagdscheines von 1919
Beachtenswert sind die zur Jagd
freigegebenen Wildarten,
die heute zum Teil in unserer
Region ausgestorben sind
(z.B. die Trappe), oder wegen
seltenem Vorkommen unter
strengem Schutz stehen
(z.B.Dachs, Wachtel,
Auerhahn, Birkhuhn u.a.)

Jagdscheine sind 1915 vom Fürstlich Schwarzburger Landrat in Sondershausen ausgestellt worden. 1922 dagegen vom Thüringer Kreisdirektor, und Waffenkarten vom Regierungskommissar.

Jagd in Großbrüchter

Wildfütterung
Großbrüchter 1935

rechts, Artur Lauterbach Lehrer u. Heimatforscher aus Großbrüchter
Alle oben gezeigten,1 Dokument und 3 Bilder von Volker Lauterbach.

Mit dem Recht der Jagdausübung in einem eigenen Jagdgebiet ab 1848 versuchten die meisten der neuen Jagdherren die jagdlichen Bräuche weiter zu pflegen.
Bis in die heutige Zeit hat sich der Brauch des Jägerfrühstücks (meist gemeinsames Essen nach der Jagd) gehalten.

Bereits im Jahre 1860 ist in einem alten Kochbuch „Das Jagdfrühstück" wie folgt beschrieben:

"Jagdfrühstück

Wird von den Herren um die Mittagszeit meistens im Freien und zwar aus der Hand verzehrt, um nicht lange dadurch aufgehalten zu werden, sondern bald wieder ans Waidwerk zu kommen, weshalb auch selten Bestecke und Servietten mit hinaus geschickt werden. Da nach Behauptung der Jäger durch Zeitverlust eine ganze Jagd verdorben werden kann, so würde die Hauptsache sein müssen, das Frühstück zur bestimmten Zeit zu besorgen.
Dasselbe besteht zunächst aus Butterbrod, am besten Vierpfennigsbrötchen doch ist auch Sauerbrod besonders beliebt: zwei Schnitten davon gelten für ein Brötchen. Ins Butterbrod legt man Fleisch verschiedener Art, als: Kalbsbraten, Schinken, sehr beliebt sind auch Röllchen von Schweinefleisch, Wurst, auch Käse. Die benannten Beilagen kann man auch zierlich aufgeschnitten, auf Tellern hinausschicken, doch ist ersteres Verfahren der Einfachheit wegen vorzuziehen. Bei einigen Jagden wird jedes Brötchen in weißes Papier eingewickelt. Man rechnet auf jeden Herren vier Butterbrote und in diesem Verhältnis auch die Beilagen, falls solche dazu gegeben werden. Daneben gibt man gewöhnlich eine kalte Pastete, oder anstatt derselben auch wohl eine große kalte Bratwurst und einen Kuchen. Letzterer zerschnitten und auf jeden Herren werden 2-3 Stücke gerechnet. In einigen Gegenden z. B. am Niederrhein, sind auch Äpfel und Eier (nicht zu hart gekocht) sehr beliebt. Pfeffer und Salz werde nicht vergessen.
Als Getränke pflegt man guten Rot- oder Weißwein, auch Portwein und Madeira zu geben, namentlich bei seht kalten Wetter, heißen Punsch und Glühwein, in warm gemachte Krüge gefüllt und diese mit dicken wollenen Überzuge versehen damit das Getränk möglichst warm bleibe. Was Es der Art auch sei- man rechne auf jeden Herren eine halbe Flasche. Die Jäger, welche zur Dienerschaft gehören, erhalten die

Butterbrote wie die Herren, jedoch nur mit einer Sorte Fleisch und mit Käse, dazu jeder eine halbe Flasche gewöhnlichen Wein.
Die Treiber bekommen jeder eine Flasche Bier, in einem der zwei großen Krügen, auch wird wohl, wenn ältere Männer dabei sind etwas Branntwein (doch vor allen nicht zu viel) mitgenommen. Jeder Treiber bekommt dazu ein tüchtiges Butterbrot, bestehend aus 2 Schnitten Schwarzbrot mit einem derben Stück Fleisch dazwischen, etwas Sauerbrate, oder Schinken, oder wenn geschlachtet wurde, kalte Wurst, welche in fingerlange Stücke dem geschnitten, dem Butterbrot beigelegt wird, und ein mit Butter bestrichenes Achtpfennigbrötchen mit holländischen oder selbst gemachten Käse, oder anstatt des Brötchens ein paar Schnitten von selbstgebackenen Weißbrot. sind die Äpfel gerathen, so erhalten die Treiber wohl auch ein Körbchen Äpfel.
Für die Hunde wird Butterbrod, Fleisch und Wasser mitgenommen, denn der Gerechte sorgt auch für sein Vieh.

In einigen Orten wird das Frühstück im Hause bei einem Förster oder Pächter gegeben, wo dann auch für einige warme Speisen gesorgt wird, namentlich Kartoffeln, Würste cotelettes und dergleichen. selbstredend musste muß dann förmlich gedeckt sein. Bei Anordnung des Frühstücks ist Rücksicht darauf zu nehmen, ob ein Diner folgt und ob alle Herren daran Theil nehmen, wo alsdann das Frühstück einfacher sein kann, folgt aber kein Diner oder nehmen nicht alle Theil daran, so muß das selbe reichlicher sein. In letzteren Falle wurde am Niederrhein ein Jagdfrühstück arrangiert wie folgt: Es bestand solches aus Butterbrod (Brötchen und Sauerbraten) mit Kalbsbraten westfälischen Schinken, Gänseleberwurst und Schweizerkäse, Hasenpastete, Zwiebackstorte (äußerst beliebt bei den Herren) Aepfeln Glühwein und Weinpunsch. Die Bereitungsweise von letzterem ist als Jäger- Weinpunsch im Abschnitt Getränke mitgetheilt. Bei der Rückkehr von der Jagd finden viele Herren sehr angenehm, wenn in den Zimmern, worin sie sich umkleiden, gutes kaltes Bier serviert ist, man stellet es meistens Deckelkrügen (Bierseideln) hin".

8. Die Jagd in der Weimarer Republik

Aus der Jagdgeschichte in den Zeitepochen der Weimarer Republik und des Nationalsozialismus in Deutschlande werde ich nur die wesentlichen Ereignisse herausstellen.

Nach dem verlorenen 1. Weltkrieg und der Abdankung der Landesfürsten begann eine neue politische Zeitepoche.
Als letzter Fürst des zerfallenden Deutschen Kaiser Reichs dankte der Fürst von Schwarzburg ab.

Fürst Günther Victor schien der Kaisersturz nicht besonders beeindruckt zu haben. Er schoss an diesem Tag im November 1918 einen kapitalen Sechzehnender Rothirsch.

Philipp Scheidemann (SPD) rief am 09.11.1918 vom Balkon des Reichstages die erste parlamentarische Demokratie in Deutschland aus. An die Stelle der Großherzog- und Fürstentümer trat das Deutsche Reich Weimarer Republik.

Befreit von den Zwängen des Kaiserreiches begann eine Phase der Technisierung und Rationalisierung.

Günther Victor, letzter Fürst der Schwarzburger
Geb. 1852 ges.1925
Öl auf Leinwand 1897,Inv.Nr Kb. 162 Schloßmuseum Sondershausen. Foto Helmut Röttig Sondershausen
Publikationsnummer 10/2015. Freigabe durch Frau Hirschler Schloßmuseum Sondershausen.

Unter Leitung von Friedrich Ebert ist in Schwarzburg in Thüringen (späterer Standort der legendären Forstschule) am 11.08.1919 eine Verfassung erarbeitet worden, welche am 14.11.1918 mit ihrer Verkündigung in Kraft trat.

Präambel:

"Das Deutsche Volk, einig in seinen Stämmen und von dem Willen beseelt, sein Reich in Freiheit und Gerechtigkeit zu erneuern und zu festigen, dem inneren und dem äußeren Frieden zu dienen und den gesellschaftlichen Fortschritt zu fördern, hat sich diese Verfassung gegeben."

Artikel 1: Das Deutsche Reich ist eine Republik. Die Staatsgewalt geht vom Volke aus.

Artikel 3: Die Reichsfarben sind schwarz rot Gold.
Die Verfassung des Deutschen Reiches S. 4 u. 5

Es ist logisch, dass sich auch im Jagdwesen einige gravierende Änderungen ergeben haben.
Ein neues, für die gesamte Republik geltendes Jagdrecht gab es noch nicht. Das Jagdrecht war Ländersache. Nachdem 1920 ein erster Entwurf der Thüringer Jagdordnung vom Landtag abgelehnt wurde, kam endlich ab 27.04.1926 ein Jagdgesetz für Thüringen, welches in vielerlei Hinsicht von einem positiven Geist getragen war.

"Dem Geheimen Justizrat Kammergerichtsrat Dr. Delius, - der ersten Autorität des preußischen Jagdrechts - wurde unter Vermittlung des Verfassers dieser letzte Entwurf der Jagdordnung unterbreitet. Er schrieb dazu an den Ministerialreferenten: Ihr Entwurf zur Jagdordnung habe ich mehrmals durchgelesen und mich jedes mal gefreut. Ich erkläre, daß ich den Entwurf für hervorragend halte, und vermag nichts hinzuzusetzen oder zu streichen, alle meine Wünsche sind erfüllt. Wenn wir in Preußen ein solches Gesetz durchbringen, könnten wir uns gratulieren."
." Thüringer Jagdordnung, Georg Marderstig S.10.

Einige wesentliche Neuerungen zu bis dahin geltenden Regeln:

Erstmalig war die Verpflichtung zur Wildhege vorgeschrieben. "*Wer das Jagdrecht ausübt, ist verpflichtet das Wild zu hegen." Thüringer Jagdordnung, Georg Marderstig S.5 .*

" §1 Das Jagdrecht steht dem Grundeigentümer zu." *Thüringer Jagdordnung, Georg Marderstig .19.*

§3 Jagdbar sind folgende Tierarten: (erstmalige ges. Festlegung jagdbarer Tiere)
1. Rot,- Dam,- Reh,- Schwarzwild, Hasen, Wildkaninchen, Füchse, Dachse, Marder, Iltisse, Fischotter, Wildkatzen

2. Auer,- Birk- und Haselwild, Kreuzungen davon, Fasanen, Rebhühner, Wachteln, Wildtauben, Wacholderdrosseln (Krammetsvögel), Schnepfen, Brachvögel, Trappen, Kiebitze, Reiher, Wildschwäne, Wildgänse, Wildenten, Bläßhühner, grünfüßige Teichhühner, Wachtelkönige, Taucherarten, Sperber, Habichte, Rohrweihen und *Uhus*." *Thüringer Jagdordnung, Georg Marderstig .S.31.*

Da in dem neuen Jagdgesetz erstmalig auch der Naturschutz in einem kleinen Umfang Erwähnung findet, kann man schlussfolgern, dass die aufgeführten Arten, welche heute unter strengem Schutz stehen und noch in der Liste der jagdbaren Tiere aufgeführt sind: Fischotter, Wildkatze, Auer- Birk- und Haselwild, Wacholderdrossel, Brachvögel, Trappen, Kiebitze, Wachtelkönig, Sperber, Habicht und Uhu in den 20er Jahren des vorigen Jahrhunderts noch in großen Stückzahlen in der Wildbahn vorhanden waren.

In den § 6, und § 8 ist die Größe von Eigenjagd- und Gemeinschaftsjagdgebieten auf 75 ha festgelegt. *Thüringer Jagdordnung, Georg Marderstig .47u. 50..*

Es ist zur Ehrenpflicht erhoben, jedes Stück Wild, was auf Schalen zieht, mit der Kugel zu erlegen. *Thüringer Jagdordnung, Georg Marderstig S. 33.*

Neben Thüringen waren auch die anderen Länder der Weimarer Republik bestrebt, ihre Jagdgesetze neu zu formulieren und zu beschließen.
Der Preußische Ministerpräsident Otto Braun beauftragte den späteren Oberstjägermeister Ullrich Scherping mit der Schaffung eines Entwurfes für ein preußisches Jagdgesetz. Mit Otto Braun als Ministerpräsidenten stand ein guter und verständnisvoller Jäger an der Spitze des preußischen Staates. Er sah durchaus ein, dass etwas geschehen musste.

Rechts, der preußische Ministerpräsident Dr. Otto Braun

Links, Oberförster Bruno Orlowski

Mitte, Bildhauer Ludwig Vordermayer mit von Ministerpräsident Otto Braun erlegten Elch

"Elchjägermeister Hans Kramer" Bilder eines Jägers S. 1991

Ullrich Scherping, in Schlesien, im Kaiserreich geboren und im bäuerlich, ländlichen Betrieb seines Vaters aufgewachsen, lernte frühzeitig die Jagd und das natürliche, ländliche Leben kennen. Die jagdliche Ethik hat er, wie man so sagt, schon in frühester Jugend in seinem Elternhaus gelernt.
Aus dem 1. Weltkrieg zurückgekehrt, widmete er sich seinem Revier, um es neu aufzubauen.
Eine Einladung zur Generalversammlung des "Vereins waidgerechter Jäger und Heger" nach Breslau führte ihn in das jagdliche Vereinsleben ein.

141b Oberstjägermeister Scherping am gestreckten Elch. Forstamt Pfeil 1935

Oberstjägermeister Ullrich Scherping

" Elchwald Land Leute, Jagd"

Abb. 141 S. 227

Durch die Übernahme des Schriftführeramtes kam er mit der damaligen jagdlichen Prominenz in Verbindung. Ullrich Scherping nahm an den Generalversammlungen der großen Verbände in Berlin teil, so in der Grünen Woche, des Allgemeinen

Deutschen Jagdschutzverein und der Deutschen Jagdkammer. 1927 übernahm er die Geschäftsführung der Jagdkammer.
Die Vereinigung der Deutschen Jagdkammer mit dem Allgemeinen Deutschen Jagdschutzverein zu der ADJV und Pr.LJV (Arbeitsgemeinschaft Preußischer Landesjagdverband) war sein Verdienst.
Die Zeit war reif für die Erarbeitung eines für das gesamte Deutsche Reich geltende Jagdgesetz. In Vorbereitung kam es 1930 in Dresden zur Gründung des Reichsjaqdbundes.
Der neue, moderne, in enger Zusammenarbeit von Ministerpräsident Braun und Scherping entstandene Jagdgesetzentwurf fand im preußischen Landtag keine Mehrheit.

9. Die Jagd im 3. Reich

Mit der Machtübernahme der Nationalsozialisten 1933 übernahm Hermann Göring den Posten des Preußischen Ministerpräsidenten. In der Folge der Festigung der nationalsozialistischen Politik wurde Göring mit der Leitung einer Fülle von höchsten Ämtern betraut, u.a. Führer-Stellvertreter und Reichsmarschall, Reichsjägermeister, Reichsforstmeister. Mit dieser Machtfülle war es ein Leichtes, den fertig ausgearbeiteten Entwurf vom früheren Ministerpräsidenten Dr. Braun und Scherping mit einigen kleinen Änderungen zu verabschieden. Das als "Reichsjagdgesetz" für das gesamte Deutsche Reich eingeführte Gesetz, fand in Europa (wenn nicht sogar weltweit) eine sehr große Beachtung.
In seinem Buch "Waidwerk zwischen den Zeiten" von Ulrich Scherping, welches als Classic-Edition 2009 vom Jagd- und Kulturverlag Sulzberg /Allgäu neu heraus kam, schreibt Dr. Karl-Heinz Betz, Redaktionsleiter Jagd, Paul Parey Zeitschriftenverlag, im Vorwort:
"*Denn zum Verständnis der jagdkulturellen, wildtierkundlichen und jagdbetrieblichen Entwicklung in Deutschland bis in die heutige Zeit ist es unerlässlich, den Geist aus erster Hand zu spüren, der damals die Triebfeder einer Jagd-und tierschutzethischen Revolution weit über die Grenzen Deutschlands hinaus war"* "Waidwerk zwischen den Zeiten" S.1

Ohne dieses Gesetz zu kommentieren, möchte ich doch einige wesentliche Grundgedanken herausstellen, da diese die spätere Wildbewirtschaftung bis in die heutige Zeit beeinflussen. "Schießen sie ihren Wildbestand auf einen so geringen Stand herunter, daß sie die Hauptholzart ohne Gatter hochbekommen, dann werden sie wieder Freude an ihrem Wald und ihrem Wild haben." Die Zielstellung ist heute die gleiche wie vor 80 Jahren. Der Weg dahin war aber anders, es war eine waidgerechte Bejagung, Versorgung und Schutz des Wildes vorgeschrieben. Die Einhaltung der Gesetzlichkeiten wurde überwacht. Verstöße führten nicht nur zu juristischen Folgen, sondern zogen auch gesellschaftlichen Missfallen in der Jägerschaft nach sich.

10. Die Jagd in der Deutschen Demokratischen Republik (DDR)

Ein besonderes Anliegen ist es mir, über die Jagd in der Deutschen Demokratischen Republik (DDR) zu berichten. In den Jahren der DDR lernte ich die Jagd in all ihren

Fassetten von der Pike auf kennen. Viele Jahre habe ich persönlich Verantwortung in der Jagdgesellschaft Sondershausen-West und in den Jagdgruppen Immenrode und Kleinberndten getragen.
Über 30 Jahre nach der politischen Wende werden die Zeitzeugen, welche die Jagdorganisation in der DDR aus eigenem Erleben kennen, immer weniger. Da ich das große Glück hatte, viele Jahre in einer vorbildlich organsierten Jagdgruppe zu jagen, ist es für mich eine Verpflichtung besonders die Jagdgruppe Immenrode mit ihrem Jagdleiter Horst Helbing in der Erinnerung zu behalten.
Zum allgemeinen Verständnis der nachfolgenden Ausführungen gestatten Sie mir einige kurze grundsätzliche Erläuterungen zur Organisation der Jagd in der Deutschen Demokratischen Republik (DDR).
Nach dem 2. Weltkrieg ist die Jagd zur Vermeidung von Wildschäden von der Roten Armee mit der Hilfe ortskundiger, bedingt sachkundiger und zuverlässiger Bürger erfolgt. Danach organisierte die Volkspolizei sogenannte Jagdkommandos. Diese versuchten, die Wildschäden auf den Feldern, verursacht durch das sich stark vermehrende Schwarzwild, einzudämmen. In dieser Zeit war der Besitz von Waffen unter Androhung harter Strafen verboten. In diesen hungerreichen Nachkriegsjahren konnte die sporadische Bejagung die Feldschäden natürlich nicht im erforderlichen Maße verhindern. In einer kurzen Übergangszeit wurden Jagden auch von der Gesellschaft für Sport und Technik (GST) organisiert.
Ab 1952 ist die GST von den Aufgaben der Jagd entbunden. Am 25.11.1953 verabschiedete die Volkskammer der Deutschen Demokratischen Republik das Gesetz über die Reglung des Jagdwesens in der DDR. Zum ersten Mal in der deutschen Geschichte war das Jagdrecht nicht mehr an den Besitz von Grund und Boden gebunden.
Unter dem Leitspruch: " Die Jagd gehört dem Volke" besagte der

§1 des Gesetzes:

Alle jagdbaren Tiere sind Eigentum des Volkes. Ihre Bewirtschaftung obliegt dem Staat.

Jagdzirkel der GST Allmenhausen 1954 mit Waldarbeiterfrauen als Jagdhelfer
Dieses Fotos ist aus der Broschüre "die Jagd im Kreis Sondershausen, Seiten 20. u.21.Herausgeber Kreisjagdbehörde Sondershausen.

Ab diesem Zeitpunkt begann auf dem Gebiet der DDR eine Entwicklung, welche in der deutschen Geschichte nie Ihresgleichen fand.
Für 55,00 DDR- Mark Beitrag plus 10,00 DDR- Mark Versicherung konnten die Jäger in der Jagdgesellschaft ein ganzes Jahr die Jagd ausüben. Für die getätigten Abschüsse erhielten die Waidgenossen eine finanzielle Vergütung. Die Waffen standen kostenlos zur Verfügung.

Beitragskarte

Nr.

Name: Wolf

Vorname: Wolfgang

Jagdgesellschaft: Jagdgesellschaft Sondershausen-West

Kreis:

(Nur gültig in Verbindung mit dem Personalausweis)

Vors. der Jagdgesellschaft

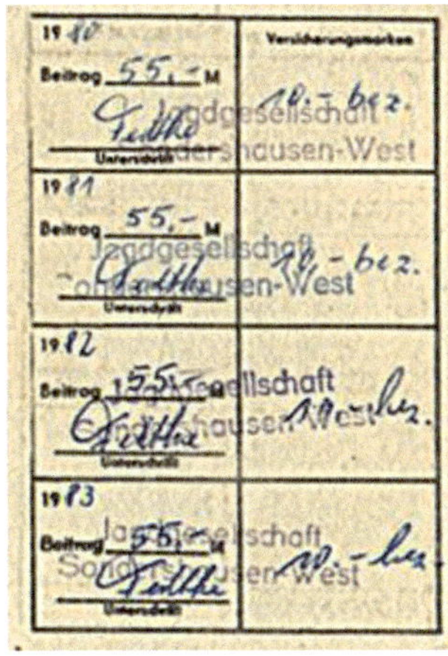

	Versicherungsmarken
1980 Beitrag 55,- M Unterschrift	10,- bez.
1981 Beitrag 55,- M Unterschrift	10,- bez.
1982 Beitrag 55,- M Unterschrift	10,- bez.
1983 Beitrag 55,- M Unterschrift	10,- bez.

Vorderseite *Faltheft* *Rückseite*

Wildschäden im Wald und an den Feldkulturen regulierte der Staatliche Forstwirtschaftsbetrieb.
Gesunde Wildbestände mit guten Wildbretgewichten belegen eine sehr gute Wildbewirtschaftung. Starke, kapitale Trophäen bezeugten dies auf zahlreichen internationalen Jagdausstellungen.
Als vorbildlich sind die wissenschaftlichen Arbeiten der Wildforschungsgebiete zu bewerten. Die wissenschaftlichen Erkenntnisse großer Autoren, wie zum Beispiel Prof . Dr. habil. Egon Wagenknecht, Prof. Dr. habil. Hans Stubbe, oder die legenderen Erkenntnisse über das Schwarzwild, welche Dr. Heinz Meynhard veröffentlicht hat, sind weltweit anerkannte Fachliteratur.
In zahlreichen Wildforschungsgebieten sind Untersuchungen betrieben und Erkenntnisse gesammelt, dokumentiert, publiziert und archiviert worden. Die Gesetze, Erlasse und Verordnungen erfolgten auf der Grundlage dieser wissenschaftlichen Basis. Sie wurden von studierten Fachleuten erarbeitet. In der heutigen Zeit nehmen zu viele Vereine, Verbände, Bürger und sonstige Institutionen Einfluss auf die Jagdausübung. Die wenigsten haben eine fundamentierte naturwissenschaftliche oder jagdliche Ausbildung. Auch in der Politik werden Entscheidungen von selbst ernannten "Experten" ohne entsprechende fachliche Abschlüsse durchgesetzt.
Die Grundlage für die Wildbewirtschaftung war, eine Ende der 70er Jahre erstmalig durchgeführte Bonitierung aller Jagdgebiete der DDR.
In den Erhebungen sind die Äsungsbedingungen, wie Mast tragende Baumarten, im Winter zur Verfügung stehende Strauchschichten, vorhandene Kräuter, Wildäcker, Salzlecken und Suhlen, der einzelnen Reviere ermittelt worden.

Entsprechend der ermittelten Bedingungen erfolgte eine Vorgabe für die maximal mögliche Wilddichte. Nach einer jährlich ermittelten Wildzählung erfolgte die Abschussplanung.
Biotop verbessernde Maßnahmen wie Wildäcker und Abstimmung forstlicher Arbeiten mit den Bedürfnissen des Wildes und der Jagd waren Dienstaufgaben eines Revierförsters. Großflächige Laubholzverjüngungen und gelungene Forstkulturen legen ein Beispiel dafür ab, dass Wald mit Wild möglich ist. Das Wild war nicht unser Feind.

Pflege masttragender Bäume

Wildacker

Dickungspflege in geeigneter Jahreszeit bei gleichzeitiger Proßholz Bereitstellung

Waldarbeiter (Sylvio Schild aus Toba) bei der Pflege

schon nach wenigen Tagen sind die Knospen abgeäst

Der Schwerpunkt der forstlichen Arbeiten in den Wintermonaten lag natürlich auf dem Holzeinschlag. Die Reviere erhielten in der Winterzeit wirksame Hilfe durch Arbeitskräfte aus den Landwirtschaftlichen Betrieben. (LPG) Es war also immer ein paar Tage Zeit um Pflegemaßnahmen durch zu führen.

Füllen der Suhlen bei trockener Witterung in privaten Pachtrevieren.

Aussaat von Waldstaudenroggen auf Rückegassen.

	Größe ges/ ha	dav. Strauch-schicht/ ha	Baum-art	Alter/ Jahre	Begrünung %	reduzierte Fläche	Bemerkung Forstortsnamen
2501 a 1	1,26	0,00	Elä	6,00	0,00	0,00	Gatter, Klein Amerika
2501 a2	5,42	2,00	Elä	3,00	0,00	0,00	Gatter, Klein Amerika
2501 b	8,48	7,00	Fi	72,00	45,00	3,80	Gatter, Klein Amerika
2502 a1	21,54	15.00	Bu	138,00	60,00	12,92	Kälberkopf
2502 a2	0,72	0,00	Fi	25,00	0,00	0,00	Kälberkopf
2502 a3	2,19	0,50	Ah	45,00	0,00	0,00	Kälberkopf
2503 a1	14,57	11,00	Ah	45,00	0,00	0,00	Kellerhals
2503 a2	0,96	0,20	Elä	14,00	15,00	0,14	Kellerhals
2503 a3	1,51	0,00	Bu	67,00	15,00	0,23	Kellerhals
2503 b1	13,53	2,00	Bu	72,00	15,00	2,02	Kellerhals
2503 b2	2,05	0,50	Tei	160,00	0,00	1,54	Kellerhals
2504 a	7,74	1,00	Tei	172,00	75,00	5,80	Arschkerbe
2504 b1	1,80	0,80	Ski	10,00	25,00	0,45	Arschkerbe
2504 b2	15,92	7,00	Bu	147,00	60,00	9,55	Arschkerbe
2504 c1	4,10	0,50	Bu	42,00	0,00	0,00	Arschkerbe
2504 c2	1,20	0,60	Fi	12,00	50,00	0,60	Arschkerbe
2504 c3	5,00	1,00	Tei	162,00	85,00	4,25	Arschkerbe
2505 a	7,34	2,00	Tei	150,00	75,00	5,50	Tälchen
2505 b	7,31	1,00	Tei	160,00	85,00	6,20	Tälchen
2505 c	5,81	2,00	Tei	137,00	75,00	4,35	Tälchen
2506 a1	6,23	1,00	Bu	140,00	60,00	3,73	Tälchen
2506 a2	3,01	0,00	Bu	75,00	15,00	0,45	Bornewand
2506 a3	2,25	0,50	Tei	152,00	75,00	1,68	Bornewand
2506 a4	0,56	0,20	Elä	5,00	15,00	0,08	Bornewand
2506 a5	5,26	0,50	Es	30,00	0,00	0,00	Bornewand
2506 b	0,99	0,00	Es	52,00	0,00	0,00	Bornewand
2506 c1	2,33	0,00	Bu	77,00	15,00	0,40	Bornewand
2506 c2	2,89	1,00	Ei	150,00	75,00	2,16	Bornewand
2506 c3	0,97	0,20	Fi	17,00	0,00	0,00	Bornewand
2506 c4	0,88	0,00	Bu	22,00	0,00	0,00	Bornewand
2506 c5	2,97	1,50	Fi	3,00	50,00	1,48	Bornewand
2506 c6	3,05	1,00	Ei	152,00	75,00	2,28	Bornewand
2506 c7	3,62	0,50	Es	29,00	0,00	0,00	Bornewand
2506 c8	1,93	0,50	Ei	152,00	75,00	1,45	Bornewand
2507 a1	3,49	1,00	Bu	112,00	40,00	1,40	Unterer Siedlerwald
2507 a2	8,10	0,00	Bu	112,00	40,00	3,24	Unterer Siedlerwald
2507 b	5,74	2,50	Bu	122,00	50,00	2,87	Unterer Siedlerwald
2507 c1	1,96	0,50	Es	62,00	20,00	0,39	Unterer Siedlerwald
2507 c2	1,24	0,20	Fi	37,00	0,00	0,00	Unterer Siedlerwald
2507 c3	4,09	0,00	Bu	100,00	30,00	1,22	Unterer Siedlerwald
2508 a	4,74	1,50	Bu	104,00	30,00	1,42	Oberer Siedlerwald
2508 a	1,08	0,25	Bu	88,00	30,00	0,32	Oberer Siedlerwald
2508 a	1,19	0,20	Es	20,00	30,00	0,36	Oberer Siedlerwald
2508 b	5,42	0,00	Bu	107,00	40,00	2,17	Oberer Siedlerwald

Forstort Abt./ U-Abt.	Größe ges/ ha	dav. Strauch-schicht/ ha	Baum-art	Alter/ Jahre	Begrünung %	reduzierte Fläche	Bemerkung Forstortsnamen
2509 c	3,03	1,00	Fi	16,00	0,00	0,00	Feldgehölz,Müllerberg
2509 c	2,90	0,00	Tei	3,00	0,00	0,00	Gatter, Müllerberg
2509 c	2,14	1,50	Fi	67,00	35,00	0,75	Müllerberg, Feldgehölz
2509 c	0,80	0,30	Fi	48,00	0,00	0,00	Müllerberg, Feldgehölz
2509 c	1,66	0,00	Ski	77,00	55,00	0,91	Müllerberg, Feldgehölz
2510 a	4,36	1,50	Ei	132,00	75,00	3,27	Gehege, Feldgehölz
2510 b 1	10,37	3,50	Ei	137,00	75,00	7,77	Gehege
2510 b 2	0,94	0,00	Fi	45,00	0,00	0,00	Gehege
2510 b 3	0,76	0,00	Wbu	102,00	75,00	0,57	Gehege
2510 b 4	0,88	0,00	Fi	50,00	0,00	0,00	Gehege
2510 b 5	1,70	0,50	Es	42,00	0,00	0,00	Gehege
2511 a1	3,28	1,00	Elä	1,00	0,00	0,00	Ga., Feldg. Rotesufer
2511 a2	2,43	0,00	Elä	2,00	0,00	0,00	Ga., Feldg. Rotesufer
2511 a3	2,03	0,00	Tei	3,00	0,00	0,00	Ga., Feldg. Rotesufer
2511 a4	3,44	1,50	Elä	3,00	0,00	0,00	Ga., Feldg. Rotesufer
2512 a 1	1,47	0,50	Elä	16,00	0,00	0,00	Eichholz
2512 a2	1,21	0,20	Fil	46,00	0,00	0,00	Eichholz
2512 b1	0,72	0,00	Elä	47,00	40,00	0,29	Eichholz
2512 b2	1,29	0,00	Bu	67,00	20,00	0,26	Eichholz
2512 b3	4,70	1,70	Bu	82,00	80,00	3,76	Eichholz
2512 b4	7,89	3,00	Bu	82,00	80,00	6,31	Eichholz
2512 b5	0,76	0,00	Bu	82,00	80,00	0,60	Eichholz
2512 c	4,15	0,50	Bu	67,00	20,00	0,87	Eichholz
2512 d	0,56	0,00	Fl	22,00	0,00	0,00	Eichholz
2513 a1	5,59	3,00	BU	122,00	60,00	3,35	Buchenborn
2513 a 2	15,61	3,00	BU	122,00	60,00	9,36	Buchenborn
2513 a3	4,08	1,00	Kl	25,00	18,00	0,73	Buchenborn
2513 b1	2,06	0,50	SKl	16,00	0,00	0,00	Buchenborn
2513 b2	5,93	1,00	Ki	27,00	18,00	1,06	Buchenborn
2514 a1	2,61	0,00	Bu	102,00	40,00	1,04	Große Wettenburg
2514 a2	5,87	0,00	Bu	67,00	15,00	0,88	Große Wettenburg
2514 b1	2,02	0,00	Bu	97,00	30,00	0,61	Große Wettenburg
2514 b2	1,74	0,00	Bu	67,00	15,00	0,26	Große Wettenburg
2514 b3	20,42	2,00	Bu	95,00	30,00	6,12	Große Wettenburg
2514 b4	2,97	0,50	Bu	127,00	50,00	1,48	Große Wettenburg
2515 a1	5,41	0,00	Bu	117,00	40,00	2,16	Östliche Wetttenburg
2515 a2	10,08	0,00	Es	77,00	20,00	2,02	Östliche Wetttenburg
2515 a3	4,28	0,00	Es	92,00	20,00	0,86	Östliche Wetttenburg
2515 b1	7,66	0,50	Es	92,00	40,00	3,06	Östliche Wetttenburg
2515 b2	2,50	0,50	Es	97,00	40,00	1,00	Östliche Wetttenburg
2516 a1	2,94	1,00	Bu	137,00	60,00	1,76	Feuerkuppe
2516 a2	1,69	0,50	Tei	92,00	80,00	1,35	Feuerkuppe
2516 b	2,02	0,00	Bu	122,00	60,00	1,21	Feuerkuppe

Forstort Abt./ U-Abt.	Größe ges/ ha	dav. Strauch-schicht/ ha	Baum-art	Alter/ Jahre	Begrünung %	reduzierte Fläche	Bemerkung Forstortsnamen
2516 c	11,78	5,00	Bu	102,00	50,00	5,89	Feuerkuppe
2516 d	6,17	1,00	Bu	ugl	30,00	1,85	Feuerkuppe
2517 a1	6,37	0,00	ES	82,00	40,00	2,54	Hagen
2517 a2	7,86	1,00	Es	19,00	40,00	3,13	Hagen
2517 a3	1,68	0,00	Bu	147,00	70,00	1,17	Hagen
2517 a4	0,76	0,00	Tei	147,00	85,00	0,64	Hagen
2517 a5	2,57	0,50	Es	62,00	55,00	1,41	Hagen
2517 a6	1,12	1,00	Ski	13,00	50,00	0,00	Hagen
2517 b1	10,91	0,00	Bu	118,00	50,00	5,45	Hagen
2517 b2	1,12	0,50	Tei	97,00	70,00	0,78	Hagen
2517 b3	0,62	0,00	Bu	67,00	20,00	0,12	Hagen
2517 c	0,40	0,00	Ah	52,00	50,00	0,20	Hagen
2518 a1	1,95	0,95	Es	62,00	30,00	0,58	Dürrer Hagen
2518 a2	1,27	0,50	Ski	16,00	0,00	0,00	Dürrer Hagen
2518 a3	0,65	0,50	Bfi	3,00	60,00	0,39	Dürrer Hagen
2518 a4	4,96	2,00	Tei	97,00	80,00	3,96	Dürrer Hagen
2518 b	3,55	2,50	Elä	9,00	50,00	1,77	Dürrer Hagen
2519 a1	2,18	0,00	Bu	90,00	80,00	1,74	Östliches Sprengtal
2519 a2	1,86	0,00	Bu	62,00	20,00	0,37	Östliches Sprengtal
2519 a3	1,28	0,50	Elä	20,00	20,00	0,33	Östliches Sprengtal
2519 a4	0,78	0,00	Ki	22,00	26,00	0,20	Östliches Sprengtal
2519 a5	1,22	0,50	ES	22,00	50,00	0,61	Östliches Sprengtal
2519 a6	2,43	0,50	Bu	157,00	70,00	1,70	Östliches Sprengtal
2519 a7	2,76	0,50	Es	37,00	0,00	0,00	Östliches Sprengtal
2519 b1	4,22	2,00	Bu	107,00	50,00	2,11	Östliches Sprengtal
2519 b2	1,08	0,00	Bu	82,00	40,00	0,43	Östliches Sprengtal
2519 b3	1,64	0,00	Elä	15,00	0,00	0,00	Östliches Sprengtal, Gatter
2519 b4	0,88	0,00	Ki	22,00	10,00	0,08	Östliches Sprengtal
2519 c1	6,06	3,00	ES	22,00	10,00	0,60	Östliches Sprengtal
2519 c2	1,92	0,00	Bu	147,00	70,00	1,34	Östliches Sprengtal
2519 d1	1,00	0,00	ES	22,00	10,00	0,10	Östliches Sprengtal
2519 d2	5,67	2,50	Bu	157,00	70,00	3,96	Östliches Sprengtal
2519 d 3	1,94	0,00	Es	32,00	10,00	0,19	Östliches Sprengtal
2520 a1	3,76	0,00	Es	37,00	10,00	0,37	Alte Burg
2520 a2	2,09	1,00	ES	82,00	50,00	1,05	Alte Burg
2520 a3	2,60	0,00	Bu	57,00	0,00	0,00	Alte Burg
2520 a4	1,45	0,50	Bu	92,00	20,00	0,29	Alte Burg
2520 a5	2,80	0,00	Es	32,00	10,00	0,28	Alte Burg
2520a6	1,02	0,50	Elä	72,00	55,00	0,56	Alte Burg
2520 b1	2,71	0,00	Bu	57,00	0,00	0,00	Alte Burg
2520 b2	8,21	1,00	Bu	52,00	60,00	4,93	Alte Burg
2520 b3	1,98	0,50	Bu	157,00	70,00	1,38	Alte Burg
2520 c1	2,61	0,50	Bu	157,00	70,00	1,82	Alte Burg

Forstort Abt./ U-Abt.	Größe ges/ ha	dav. Strauch-schicht/ ha	Baum-art	Alter/ Jahre	Begrünung %	reduzierte Fläche	Bemerkung Forstortsnamen
2520 c 2	4,23	1,00	Bu	27,00	0,00	0,00	Alte Burg
2520 d 1	3,46	1,00	Bu	132,00	50,00	1,73	Alte Burg
2520 d2	6,96	2,00	Es	27,00	0,00	0,00	Alte Burg
2520 d3	1,28	0,25	Es	22,00	0,00	0,00	Alte Burg
2520 d4	0,82	0,00	Es	37,00	10,00	0,08	Alte Burg
2520 d5	1,02	0,00	Bu	117,00	50,00	0,50	Alte Burg
2521 a1	1,22	0,00	Elä	19,00	0,00	0,00	Mittelberg
2521 a2	2,07	0,00	Bu	27,00	10,00	0,20	Mittelberg
2521 b1	2,08	0,00	Bu	118,00	40,00	0,83	Mittelberg
2521 b2	7,29	3,00	Bu	52,00	0,00	0,00	Mittelberg
2521 b3	1,04	0,00	Fi	67,00	35,00	0,36	Mittelberg
2521 c1	2,82	1,00	Bu	74,00	20,00	0,56	Mittelberg
2521 c2	6,37	3,50	Bu	60,00	20,00	1,27	Mittelberg
2521 c3	1,23	0,00	ELä	17,00	0,00	0,00	Mittelberg
2521 c4	3,84	0,00	Ski, Es	9,00	0,00	0,00	Mittelberg, Gatter
2521 c5	1,26	0,00	Es	11,00	30,00	0,38	Mittelberg
2521 c6	5,64	0,00	Bu	157,00	50,00	2,82	Mittelberg
2521c7	4,57	0,00	Elä	11,00	20,00	0,91	Mittelberg
2521 c8	3,96	0,00	Fi	42,00	0,00	0,00	Mittelberg
2521 c9	1,10	0,00	Bu	72,00	20,00	0,22	Mittelberg
2522 a1	3,02	1,00	Bu	87,00	0,00	0,00	Dürrer Mittelberg
2522 a2	3,10	0,00	Fi	67,00	45,00	1,40	Dürrer Mittelberg
2522a3	1,87	0,00	Bl	23,00	0,00	0,00	Dürrer Mittelberg Gatter
2522 b1	2,27	0,00	Bu	93,00	40,00	0,91	Dürrer Mittelberg
2522 b2	2,78	0,00	Bu	77,00	20,00	0,55	Dürrer Mittelberg
2522 b3	1,11	0,00	Es	27,00	0,00	0,00	Dürrer Mittelberg
2522 b 4	1,35	0,00	Elä	67,00	55,00	0,74	Dürrer Mittelberg
2522 c1	2,54	0,75	Fi	44,00	30,00	0,76	Dürrer Mittelberg
2522 c2	5,01	0,00	Bu	72,00	0,00	0,00	Dürrer Mittelberg
2523 a1	1,14	0,00	Fi	26,00		0,00	Östliches Breitesloh
2523 a2	9,21	3,00	Bu	42,00	0,00	0,00	Östliches Breitesloh
2523 b	7,97	0,00	Bu	52,00	0,00	0,00	Östliches Breitesloh
2523 c	0,41	0,00	Bu	82,00	0,00	0,00	Östliches Breitesloh
2524 a	10,43	2,00	Bu	42,00	0,00	0,00	Westl. Breitesloh
2524 b1	10,09	2,00	Bu	52,00	0,00	0,00	Westl. Breitesloh
2524 b2	1,70	0,00	Fi	47,00	0,00	0,00	Westl. Breitesloh
2524 c	11,59	3,00	Bu	92,00	20,00	2,31	Westl. Breitesloh
2525 a1	2,66	0,00	Fi	37,00	70,00	0,67	Riethenspitze
2525 a2	0,97	0,97	Elä	5,00	0,00	0,00	Riethenspitze
2525 a3	14,55	1,00	Bu	57,00	25,00	2,92	Riethenspitze
2526 a	14,94	0,00	Bu	60,00	20,00	2,98	Oberes Linsenholz
2527 a	11,96	0,00	Bu	60,00	20,00	2,39	Unteres Linsenholz
2527 b	1,10	0,00	Ei	116,00	85,00	0,93	Unteres Linsenholz

Forstort Abt./ U-Abt.	Größe ges/ ha	dav. Strauch-schicht/ ha	Baum-art	Alter/ Jahre	Begrünung %	reduzierte Fläche	Bemerkung Forstortsnamen
2528 a1	1,34	0,50	Bu	107,00	50,00	0,67	Das Bauholz
2528 a2	4,91	1,00	Ah	30,00	0,00	0,00	Das Bauholz
2528 a3	5,58	1,00	Ah	22,00	0,00	0,00	Das Bauholz
2528 a4	8,77	3,00	Ah	27,00	0,00	0,00	Das Bauholz
2528 a5	10,28	0,00	Bu	57,00	20,00	2,05	Das Bauholz
2528 b	1,70	0,50	Bu	116,00	85,00	1,44	Das Bauholz
2529 a	9,51	0,50	Bu	127,00	85,00	8,08	Hörnchen
2530 a	5,65	0,50	Bu	97,00	40,00	2,26	Regierungsbuche
2530 b	7,79	1,00	Bu	112,00	80,00	6,23	Regierungsbuche
2530 c	0,76	0,00	Fi	4,00	60,00	0,45	Regierungsbuche
2565 a1	4,10	2,00	Wbu	102,00	50,00	2,05	Steinholz,Feldgehölz
2565 a2	0,64	0,00	Es	37,00	0,00	0,00	Steinholz,Feldgehölz
2565 a3	2,47	1,00	Wbu	97,00	40,00	0,98	Steinholz,Feldgehölz
2565 a4	1,94	0,50	Ah	42,00	10,00	0,19	Steinholz,Feldgehölz
2565 a5	1,02	0,50	Ei	122,00	85,00	0,86	Steinholz,Feldgehölz
2565 a6	0,86	0,00	Es	46,00	10,00	0,08	Steinholz,Feldgehölz
2565 b	0,62	0,00	Es	36,00	10,00	0,06	Steinholz,Feldgehölz
2565 c1	1,15	0,00	Fi	46,00	0,00	0,00	Steinholz,Feldgehölz
2565 c2	0,99	0,00	Fi	71,00	0,00	0,00	Steinholz,Feldgehölz
2565 c3	0,73	0,00	Ei	97,00	70,00	0,51	Steinholz,Feldgehölz
2565 c4	0,18	0,00	Fi	44,00	0,00	0,00	Steinholz,Feldgehölz
2565 d	0,48	0,00	Fi	77,00	0,00	0,00	Steinholz,Feldgehölz
K 23	3,29	1,00	Bu	120,00	70,00	2,30	Kirchenwald
K 26	21,34	2,00	Bu	120,00	70,00	14,93	Kirchenwald
Su: Wald	789,44	151,77	0,00	0,00	0,00	272,00	0,00

Bonitierungsgrundlage Erhebung

Das es in Sonderjagdgebieten für höchste Funktionäre zu unwaidmännischen und unmoralischen Auswüchsen kam, ist ein Schatten, welcher über dem Jagdwesen der DDR lag.
Die Staatsjagdgebiete waren aber nicht nur zur Befriedigung übertriebener Jagdleidenschaft höchster Funktionäre da. Auch diese Jagdgebiete lieferten der Jagdwissenschaft wertvolle Erkenntnisse.
Die Staatsjagdgebiete stellten von den gesamten Jagdgebietsflächen aber nur einen kleinen Prozentsatz dar. Die guten Ergebnisse in der Jagd- und Wildbewirtschaftung spiegelten vielmehr die gute Arbeit der gesamten Jägerschaft des Landes wieder.
Die organisatorische Gliederung der Jagd erfolgte entsprechend des Jagdgesetzes wie folgt:
Im Ministerium für Land-, Forst -und Nahrungsgüter Wirtschaft war die Abteilung Jagd die oberste Jagdbehörde. In den jeweiligen Bezirken der DDR gab es die Bezirksjagdbehörden. In den Kreisen fungierten die Kreisjadbehörden.

Die Ausrüstung (Waffen, Munition, Winterfutter u.v.m.) sowie der Verkauf des Wildbrets, der Bälge und sonstiger Produkte, wie Geweihmaterial, oblagen den

Staatlichen Forstwirtschafts Betrieben (StFB). Diese erledigten auch die Buchhaltung. Die direkte, praktische Leitung erfolgte durch die Jagdgesellschaften, welche in Jagdgruppen untergliedert waren.
Im ehemaligen Kreis Sondershausen gab es folgende Gliederung:

Jagdgesellschaft I Holzthaleben / Jagdgruppen	1 Keula
	2 Holzthaleben
	3 Großbrüchter
Jagdgesellschaft II Sondershausen / Jagdgruppen	1 Kleinberndten
	2 Straußberg/Immenrode
	3 Großfurra
	4 Bebra
Jagdgesellschaft III Ebeleben /Jagdgruppen	1 Holzsußra
	2 Allmenhausen
	3 Abtsbessingen
	4 Toba
Jagdgesellschaft IV Sondershausen/Ost / Jagdgruppen	1 Stille Liebe
	2 Badra
	3 Bendeleben
Jagdgesellschaft V Sondershausen/Süd Jagdgruppen	1 Jecha
	2 Hachelbich
	3 Oberbösa
	4 Holzengel
	5 Oberspier
Jagdgesellschaft VI Greußen / Jagdgruppen	1 Greußen
	2 Wasserthaleben
	3 Großenehrich

Die Vorstandsposten der Jagdgesellschaft standen in einem 4-jährigen Turnus zur Wahl durch die Mitglieder.
Die Jagdleiter der Jagdgruppen, (Jg.) welchen auch die Aufbewahrung und Ausgabe der Jagdwaffen oblag, berief die Bezirksjagdbehörde. Bei den Jagdeitern erfolgten die sichere Aufbewahrung der Jagdwaffen und der Munition sowie die Waffenausgabe an die Jäger der Jagdgruppe. Die Aufbewahrung der Waffen und der Munition erfolgte, ähnlich wie heute, in verankerten Stahlschränken mit getrenntem Munitionsfach. Im Bedarfsfall konnte der Waffenschrank versiegelt werden. Für diesen Fall hatte jeder Jagdleiter einen Petschaft. In meiner Amtszeit als Jagdleiter der Jagdgruppe Kleinberndten (1986 bis 2002) kann ich mich daran erinnern, dass der Waffenschrank zweimal auf Anweisung der Volkspolizei zu versiegeln war. Nach einer solchen Anweisung mussten alle, zu diesem Zeitpunkt ausgegebenen Waffen so schnell als möglich zum Stützpunkt zurück.

Petschaft des Jagdleiters der Jagdgruppe Kleinberndten

Nach meiner Erinnerung war einmal der Grund, dass ein Soldat aus der nahe gelegenen sowjetischen Garnison fahnenflüchtig und bewaffnet war.
Die Begründung der zweiten Verschließung ist mir nicht mehr erinnerlich.

11. Meine Erinnerungen an die Jagdgruppe Straußerg/Immenrode

Nach Abschluss meiner forstlichen Ausbildung übertrug man mir die vakante Revierförsterstelle des Revieres Straußberg. Unsere junge Familie bezog 1971 die seit einem Jahr leer stehende Revierförsterei. Unser Nachbar, Oberförster Rochlitzer, war gleichzeitig auch Jagdleiter der Jagdgruppe Straußberg .
Der Waffenempfang und sonstige Absprachen mit dem Jagdleiter gestalteten sich für mich sehr günstig, konnten doch dienstliche und jagdliche Angelegenheiten gleichzeitig besprochen werden.
Da die Förstereien unmittelbar am Wald des Forst- und Jagdreviers lagen, begannen der Forstdienst und die Jagdausübung unmittelbar hinter dem Hoftor. Aus dem Küchenfenster schoss ich einmal während des Mittagsessens im Hühnergarten unseres Nachbarn einen Fuchs, welcher gerade ein gefangenes Huhn wegtragen wollte. Das Verhältnis zu unseren Nachbarn war gut. Gerne erinnern wir uns an eine freundliche, kameradschaftliche Geste des Oberförsters K. Rochlitzer. Als neuer Förster und Jäger kannte ich natürlich die jagdlichen Verhältnisse noch nicht so gut. Gerne hätte ich in der Vorweihnachtszeit einen Hasen geschossen, was mir trotz großer Bemühungen nicht gelingen wollte. Beiläufig eines Waffenwechsels erwähnte ich dies. Frühmorgens am Nikolaustag hing zu meinem Erstaunen ein frisch geschossener Hase an der Klinke unserer Haustür. Eigentlich konnte nur der Oberförster den Hasen dort platziert haben. Auf meine Frage und ein Dankeschön antwortete er mit einem verschmitztem Lächeln: "das kann nur der Nikolaus

gewesen sein". Bis heute weiß ich nicht, ob es vielleicht doch der Nikolaus war?
Vor unserem Umzug in das Forsthaus im Sommer 1971 sind die Wohnräume vom StFB großzügig renoviert worden. Es war notwendig, nach den Handwerkern zu sehen. Eines Nachmittags fuhr ich mit meinem Dienstmotorrad aus dem Wald zu den Forsthäusern. Links des Forsthausweges liegt ein 40 ha großes Feld. Hier machten mehrere LPG-Frauen im Schatten einer Strohfuhre Pause. Auf ihr Winken und eindeutigen Zeichen zu kommen, folgte ich ihrer Aufforderung. Natürlich waren die Frauen neugierig, ob ich wohl der neue Förster sei? Sofort hatten alle ein Schnapsgläschen in der Hand. Da für mich natürlich keins vorhanden war, nahm eine der Frauen eine schöne große Birne und ein kleines Messer aus ihrer Tasche. Sie höhlte die Birne aus und schon war ein Ersatzglas vorhanden. Nachdem wir zusammen angestoßen hatte, war die Reihe an mir, viele Fragen zu beantworten. Es war nicht nur Neugier, sondern auch eine gewisse Herzenswärme zu spüren. Mein erster Eindruck (mein feines Gespür für die Einstellung einer fremden Person) sagte mir, hier bist du richtig. In meiner langen Zeit auf dem Straußberg hat sich dieses auch bestätigt. Zahlreiche Freundschaften, welche bis heute andauern, haben sich entwickelt. Nicht nur die Jägerschaft, auch die Immenröder sind ein lustiges, sehr musikalisches, lebensfrohes Volk.
In der damaligen Zeit brauchte die bäuerlich geprägte Landbevölkerung sowie die LPG den Wald nicht nur zur Brennholzgewinnung. Auch Bauholz (Sprachgebrauch Brettertannen) zur Erhaltung der Wohn- und Wirtschaftsgebäude, sowie Schmuckreisig und Weihnachtsbäume u.v.m. benötigte man ständig.
Eine gute Verbindung zwischen der Bevölkerung und der Land-und Forstwirtschaft war mir stets sehr wichtig

Das Territorium der Jagdfläche der JG. Straußberg, später Immenrode bestand aus den Gemarkungen:

Straußberg:	1 030 ha	Feldflur
Immenrode:	1 355 ha	Feldflur
Teile von Großberndten:	479 ha	Feldflur
+Teile von Kleinberndten:		Feldflur
+Teile von Dietenborn:		Feldflur
Summe Feldflur =	2 864 ha	
Summe Waldfläche:=	790 ha	
(Ehemaliges Forstrevier Straußberg)		
Summe gesamtes Jagdgebiet =	**2 654 ha**	

Die gesamte jagdbare Fläche (siehe folgende Karte)

Aus mehreren Topographischen Karten fotografiert und zusammengefügt
nicht maßstabsgerecht

Helmut Röttig, (Foto- Designer und Bildarchiv SDH)

In den folgenden Darstellungen sollen den interessierten Lesern die Jäger und Jagdhelfer aus der Jagdgruppe Straußberg/Immenrode und wohlgesonnene Freunde der Jagd in die Erinnerung zurück gerufen werden.

Meine Erinnerungen umfassen den Zeitraum von 1971 bis 1992. In diesen Jahren soll besonders an den sogenannte "harten Kern" der Jäger gedacht werden, welche fast ihr gesamtes Jägerleben im Jagdgebiet Immenrode die Ideale des Waidwerks hoch hielten.

Schon vor 1945 war das Jagdrecht an Immenröder Bauern verpachtet. Deren Nachkommen sich in unserer Jagdgruppe wieder zusammen fanden.

Die Jagdleidenschaft scheint in den Genen verankert zu sein. Vor dem 2. Weltkrieg gab es einige Wilddiebe. Zwei Immenröder sind von Forstbeamten und Jagdberechtigten in Notwehr erschossen worden.

Eine ganz persönliche Freude ist es, dass die guten alten Traditionen auch über die politische Wende hinaus weiter gepflegt werden. Die Kinder und Enkelkinder meiner früheren Jagdkameraden sind wieder die Pächter. Trotz hoher Pachtangebote ist das Jagdrecht, von den Landbesitzern so gewollt, bei den Immenröder Jägern geblieben.

Oberförster Karl Rochlitzer

- geboren am 12.07.1916 in Georgendorf Krs. Brüxen/ Sudeten
- gestorben im hohen Alter in einem Pflegeheim in Wernigerode ?
- Jagdeiter der Jg. Straußberg bis Mitte der 1970er Jahre (mit der Übernahme der Amtsgeschäfte durch Horst Helbing wurde die Jg. Straßberg in Jg. Immenrode umbenannt)

Oberförster Rochlitzer vor dem Forsthaus auf dem Straußberg

Oberförsterei Straußberg im Hintergrund die Revierförsterei

Von 1971 bis 1984 war die Familie Rochlitzer unser Nachbar auf dem Straußberg. Seine Jagdhunde Blitz und Bürschel waren kreisweit bekannt. Unter seiner Leitung fanden die legendären Hubertusjagden im Jagdgebiet Straußberg alljährlich am

03.11. statt, egal welcher Wochentag es war, was zu der damaligen Zeit bemerkenswert war. Auf diese Jagden komme ich noch zurück.
Seinen letzten Jagdhund "Aß" einen Deutsch Drahthaar aus dem Zwinger von Oberforstmeister Klingler haben meine Frau und ich versorgt, wenn Rochlitzers im Urlaub oder anderwärtig abwesend waren.
Viele nette Begebenheiten sind uns in Erinnerung geblieben:

Von der Oberförsterei ging ein Nebenanschluss des Telefons zur Revierförsterei. Bekam unsere Familie einen Anruf, mussten Rochlitzers zu uns verbinden. Nahm niemand ab, kam der Ruf automatisch auf unseren Apparat.
Im Sommer hatte Karl als Imker viel Arbeit. Von unserem Küchenfenster aus sah man seinen Hut im Bienenhaus hin und her gehen (da die Bienenhausfenster im oberen Drittel der Wand eingebaut waren sah man nur den Hut).
Kam in dieser Zeit ein dienstlicher Anruf für den Oberförster bei uns an, war die Auskunft selbstverständlich, er ist im Wald.
In jener Zeit hatten fast alle Kollegen vom Außendienst einen Nebenerwerb. Das Dienstland war die Grundlage für eine kleine Landwirtschaft. Viehhaltung, Gartenbau, Obstplantagen, Bienen oder, wo Gewässer zur Försterei gehörten, die Zucht von Bibern oder Fischen waren nötige zusätzliche Einnahmequellen.
Da besonders die Landwirtschaft sehr Wetter abhängig ist, konnten viele Arbeiten nur an geeigneten Tagen erledigt werden. Die Dienstzeit eines Revierförsters war variabel. Dem Dienstherren war es egal, ob die Kollegen die Schreibarbeiten, wie z. B. die Lohnabrechnung oder die Planung für das folgende Jahr am Tag oder in der Nacht erledigten. Auf jeden Fall musste die Qualität in Ordnung sein. Bei an Termine gebundenen Verpflichtungen spielte es auch keine Rolle, ob gerade ein Wochenende oder ein Feiertag war. Trank ein Förster in der Dorfschänke mal ein Bierchen und ein Bürger kam mit der Frage:" Darf ich mir die trockene Buche in der Huve aufarbeiten?", konnte man diesen selbstverständlich auch nicht auf die offizielle Sprechstunde verweisen. Irgendwie lief es auf einen alten Ausspruch von Friedrich dem Großen hin: "Meinen Forstbeamten kann ich keine großzügige Besoldung bezahlen, aber ich binde sie kurz an der Grippe an."
Eine lustige Begebenheit soll noch Erwähnung finden. Unsere Jagdgruppe hatte freundschaftliche Verbindungen zu Jägern in der Magdeburger Börde im damaligen Bezirk Magdeburg. Zu den großen Hasenjagden erhielten einige Waidgenossen aus unserer Jagdgruppe alljährlich eine Einladung. Als Gegeneinladung durfte mein Freund Lutz Böttcher auf dem Straußberg einen jagdbaren Rehbock erlegen. Nach altem Waid-mannsbrauch feierten wir diesen Bockabschuss zünftig. Als Gast durfte natürlich der Jagdleiter nicht fehlen. Lange nach Mitternacht rief Frau Rochlitzer bei uns an und fragte, ob es nicht Zeit für ihren Mann sei, den Heimweg anzutreten. Meine Frau, die das Gespräch führte, antwortete, Karl ist bereits vor 15 Minuten gegangen. Er hätte also längst zu Hause sein müssen, da der Weg, den linksseitig als Windschutz für den Obstgarten eine dichte, aus allerlei Sträuchern, wie Weißdorn und Hagebutten bestehende Hecke begrenzte, nur etwa 200 m lang war. Schnell waren wir wieder angekleidet und wollten uns mit Taschenlampen ausgerüstet auf die Suche begeben. Da klingelte das Telefon erneut. Frau Rochlitzer informierte uns: „Er ist jetzt zu Hause, aber fragt nicht wie Karl aussieht".
Am nächsten Vormittag trieb mich die Neugier zum Nachbarn. Schnell war erzählt was sich ereignete hatte. Auf dem Heimweg war Kollege Rochlitzer vom Weg ab in die Hecke geraten, aus welcher er so schnell nicht wieder herausfand. An den Händen und im Gesicht zerkratzt, die Uniform zerrissen, fand er schließlich doch wieder auf den Weg zurück.

Horst Helbing

- geboren am 18.03.1934
- gestorben am 06.02.2009
- Jagdleiter der Jg. Immenrode ab Mitte der 1970er Jahre bis 1992

Fotoalbum Anne Kaftan geb. Helbing

Horst war Leiter der Abteilung Feldbau in der LPG Immenrode. Er war nicht nur ein guter Landwirt sondern auch ein leidenschaftlicher Jäger. In beiden hatte er, wie man so sagt, seinen Laden in Ordnung. Seine ausgesprochenen Führungsqualitäten führten dazu, dass sowohl in der Landwirtschaft als auch auf der Jagd alles seinen geraden Weg ging.
Eine große Jagdgruppe mit zeitweise über 20 Jägern und Jagdhelfern war nur zu führen, wenn sich alle diszipliniert an Absprachen und Festlegungen hielten. Es war nicht einfach die Ausgabe der limitierten Jagdwaffen so zu steuern, dass jeder zu seinem Recht kam. Neben den staatlichen Waffen führten die Waidgenossen Helbing, Benkenstein, Dr. Kunze und Gothe eigene Waffen. Dies und der Umstand, dass die älteren Jäger nicht mehr so aktiv waren, entspannte die Situation spürbar. In den 1970er Jahren mussten die Gewehre alle 24 Stunden vom Jagdleiter neu ausgegeben werden. Später erfolgte der Wechsel alle 72 Stunden, was für den Jagdleiter eine starke persönliche Belastung war.
Da mir keine Dokumente von der Jagdgruppe Immenrode zur Verfügung stehen, verwende ich als Beispiel von der Jg. Kleinberndten das Nachweisbuch.

Diese Bücher waren in der gesamten DDR einheitlich.

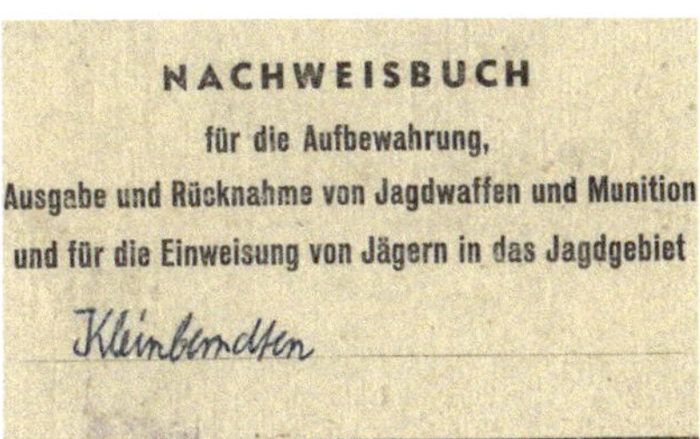

NACHWEISBUCH

für die Aufbewahrung,
Ausgabe und Rücknahme von Jagdwaffen und Munition
und für die Einweisung von Jägern in das Jagdgebiet

Kleinberndten

Jagdgesellschaft

Sondershausen-West

Jagdgebiet Kleinberndten

Wolfgang Wolf Stellvertreter Kurt [illegible]

Jagdges.-Vorsitzender Rudi Gothe

Erste Seite: Waffen- und Munitionsempfang sowie Einweisung in den Jagdbogen

Lfd. Nr.	Name, Vorname	Waffenart	Kaliber	Waffen-Nr.	Munitionsempfang Kugel	Flg.					Eingewiesen/Gebiet	Datum	Uhrzeit	Unterschrift des Jägers
34	Stolze, Werner	DF		94		5		5			Risser	1.8.57	9^{00}	Stolze
35	Stolze, Kurt	BBF		750	5	5		5			Nonnenberg	1.8.	9^{00}	Stolze
36	Isserstedt	BBF		750	5	5		5			Risser	4.8.	18^{00}	[illegible]
37	Stolze, Helmut	BF		54	5	5		5			Eichstaffel	4.8.	18^{00}	Stolze
38	Ehlers Heinz	DF		94		5		5			Risser	4.8	18^{00}	Ehlers
39	Beyer, H.	BBF		750	5	5		5			Hufe/Tal	7.8	18^{00}	Beyer
40	Stolze, W.	DF		94		5		5			Risser	7.8	18^{00}	Stolze
41	Stolze, K.	BF		54	5	5		5			Nonnenb.	7.8	18^{00}	Stolze
42	Stolze, H.	BF		54	5	5		5			Tal/Feldgeh.	10.8.	18^{00}	Stolze
43	Ehlers, H.	BBF		750	5	5		5			Risser	10.8.	18^{00}	Ehlers
44	Beyer, H.	DF		94		5		5			Tal/Hufe	10.8.	18^{00}	Beyer
45	Isserstedt, R.	BBF		750	5	5		5			Risser	13.8.	15^{00}	[illegible]
46	Stolze, W.	BF		54	5	5		5			Risser	14.8.	15^{00}	Stolze
47	Stolze, Kurt	DF		94		5		5			Nonnenb./Feld	13.8.	15^{00}	Stolze
48	Stolze, Helmut	BBF		54	5	5		5			Nonnenb. Feldg.	16.8.	10^{00}	Stolze
49	Wolf, Martin	DF	16	54	-	5		5			Tischloh	16.8.	10.00	M. Wolf
50	Wolf, Wolfgang	BBF	16/57	750	5	5		5			"	16.8.	10.00	W. Wolf
51	Beyer, Heinz	BBF	16/57	750	5	5		5			Hure	18.8.	17.00	Beyer
52	Stolze, Kurt	DF	16	94	-	5		5			Nonnb. u. Feldgeh.	18.8.	17.00	K. Stolze
53	Wolf, Wolfgang	BF	16/57	54	5	5		5			Tischloh	18.8.	18.00	W. Wolf

Zweite Seite: Rückgabe, Munitionsverbrauch, was wurde erlegt

Verschuß Kugel	Flg.		Schr.	Munitionsbestand Kugel	Flg.		Schr.	Waffenrückgabe Datum	Uhrzeit	Rückgabe bescheinigt Jäger	Jagdleiter	Bemerkungen
–	–	–	–	–	5		5	18^{00}	4.8.	Stolze	Str.	
1	–	–	–	4	5		5	18^{00}	4.8.	Stolze	Str.	
2	–	–	–	3	5		5	18^{00}	7.8.	[illegible]	Str.	2 Böcke
1	–	–	1	4	5		4	18^{00}	6.8.	Stolze	Str.	Bock/Fuchs
–	–	–	–	–	5		5	18^{00}	6.8.	Ehlers	Str.	
1	1	–	–	4	4		5	18^{00}	10.8.	Beyer	Str.	Stolze
–	–	–	–	–	5		5	18^{00}	10.8.		Str.	
1	1	–	–	4	4		5	18^{00}	10.8.	K. Stolze	Str.	Bache
–	1	–	–	–	4		5	15^{00}	13.8.	Beyer	Str.	
–	–		–	5	5		5	15^{00}	13.8.	Ehlers	Str.	
2	–		–	3	5		5	15^{00}	13.8.	Stolze	Str.	2 Böcke
–	–		–	5	5		5	10^{00}	14.8.	[illegible]	Str.	
–	–		–	5	5		5	10^{00}	16.8.	Stolze	"	
–	–		2	–	5		3	10^{00}	15.8.	K. Stolze		Fuchs
–	–		1	5	5		4	18.8.	18.00	Stolze	W.	Eichelhä.
–	5		5	–	5		5	17.00	18.8.	M. Wolf	W.	
–	–		–	5	5		5	18.8.	17.00	W. Wolf	W.	
–	–		–	5	5		5	22.8.57	9.00	Beyer	W.	
–	–		–	–	5		5	22.8.57	9.00	K. Stolze	W.	
–	–	–	–	5	5		5	22.8.57	9.00	W. Wolf	W.	

Das erlegte Wild erhielt einen Wildursprungsschein und mit dem Eintrag in das Strecken-buch war der Vorgang abgeschlossen.

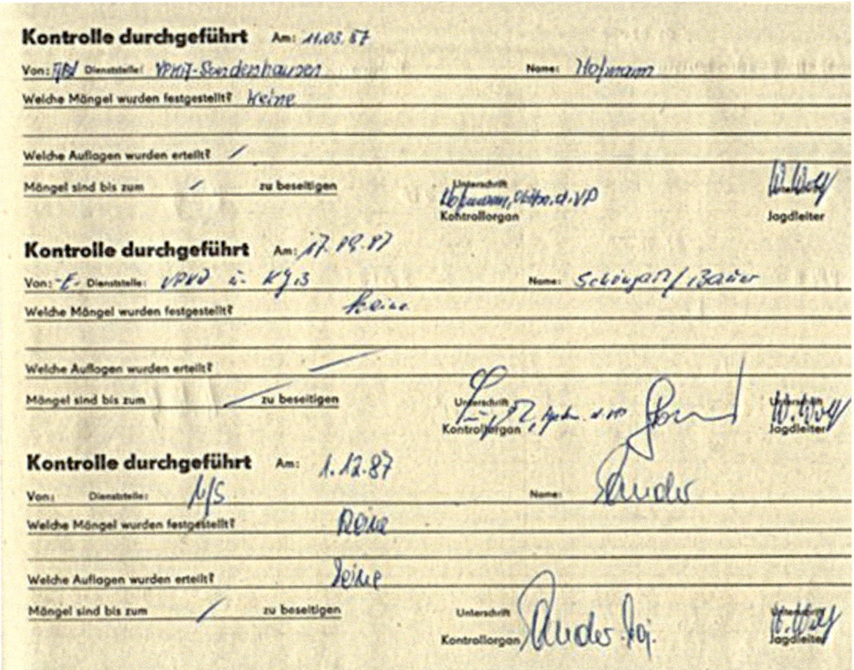

Kontrolle durchgeführt Am: 11.03.87
Von: Dienststelle: VPKA-Sondershausen Name: Hofmann
Welche Mängel wurden festgestellt? keine
Welche Auflagen wurden erteilt? /
Mängel sind bis zum / zu beseitigen
Unterschrift Kontrollorgan Jagdleiter

Kontrolle durchgeführt Am: 17.12.87
Von: Dienststelle: VPKA u. KJB Name:
Welche Mängel wurden festgestellt? keine
Welche Auflagen wurden erteilt?
Mängel sind bis zum zu beseitigen
Unterschrift Kontrollorgan Jagdleiter

Kontrolle durchgeführt Am: 1.12.87
Von: Dienststelle: MfS Name:
Welche Mängel wurden festgestellt? keine
Welche Auflagen wurden erteilt? keine
Mängel sind bis zum / zu beseitigen
Unterschrift Kontrollorgan Jagdleiter

Es erfolgten regelmäßige Kontrollen wie im obigen Beispiel: einmal durch die Volkspolizei, ein zweites Mal durch die Volkspolizei und die Jagdbehörde und 3. durch Mitarbeiter des Ministeriums für Staatssicherheit.
Die Erlaubnis zum Kauf einer eigenen Jagdwaffe erfolgte nur sehr selten. Nach meiner Überzeugung bestand ein übersteigertes Sicherheitsbedürfnis des Staates. Die Partei –und Staatsführung traute ihrer vorsortierten Jägerschaft wohl doch nicht wirklich?
Zurück zum Jagdleiter Horst Helbing.
Als verantwortlicher Leiter hatte Horst zu den monatlichen Versammlungen der Jagdgruppe stets ein gut durchdachtes Konzept. Der Ablauf war straff auf das Notwendige konzentriert. Danach blieb immer reichlich Zeit für einen gemütlichen Ausklang. Über besondere Ereignisse wie Geburtstage, Erlegung starker Trophäenträger und sonstigem ist geredet und angestoßen worden. Eine Jagdversammlung endete selten vor Mitternacht. Oft trugen zu vorgerückter Stunde kräftige Jagdhelfer aus dem Nebenzimmer der Gastwirtschaft "Im Krug zum grünen Kranz" das Klavier in dio Gaststube.
Einige Jäger waren im Männerchor aktiv. Unter deren Anleitung sangen (nicht grölten) wir viele alte Jäger-und bekannte Volkslieder mit Klavierbegleitung..
Solche gemütlichen Stunden schweißten ein Kollektiv natürlich zusammen.
Für besondere Events war immer reichlich Geld in der Jagdgruppenkasse.

Wie kam die Jagdgruppe zu ihrer finanziellen Grundlage?

Die Jägerschaft erhielt für erlegtes Wild eine finanzielle Vergütung, welche wie folgt gesetzlich geregelt war.

Dem Erleger standen:

- von jedem geschossenen Stück Schwarzwild 30 %
- von jedem geschossenen Stück Schalenwild 20 %
- für jeden im Winter gefangenen Fuchs 100 Mark
- für jeden im Winter geschossenen Fuchs 70 Mark
- für jeden im Winter gefangenen Marder 70 Mark
- für jeden im Winter geschossenen Marder 50 Mark
- für jede geschossene oder gefangene verwilderte Katze 6 Mark zu.

Die Zahlung der Schützenanteile erfolgte jedes Quartal, entsprechend der Wildgewichte vom Staatlichen Forstwirtschafts Betrieb an die Jagdgruppen.
Nach demokratischer Abstimmung sind die Schützenanteile des auf Gesellschaftsjagden erlegten Wildes in die Jagdgruppenkasse geflossen. Da zu diesen Jagden meist eine nicht unerhebliche Strecke lag, kam so schon einiges in die Kasse.

Andere Einnahmen kamen aus organisierten Arbeitseinsätzen beim Forst und in der LPG.
In meinem Forstrevier waren für die umfangreichen Arbeiten immer zu wenig Arbeitskräfte vorhanden. So waren die Jäger z.B. eine große Hilfe bei termingebunden Aufforstungen, Zaunbau, Schadholzeinschlag und Pflegearbeiten.

Beim Rübenhacken, Strohbergen und der Kartoffelernte gab es Unterstützung für die Bauern. Die erarbeiteten Einnahmen flossen in die Jagdkasse. Mit großem Geschick und Einfühlungsvermögen konnte Horst aus jedem Arbeitseinsatz ein kleines Fest machen. Die Zeitdauer war stets so bemessen, das auch an körperliche Arbeit ungewohnte, nicht überfordert waren. An- und Abfahrten erfolgten meist mit Fahrzeugen der LPG. Lange vor dem geplanten Einsatz war festgelegt, wer was zu besorgen hatte. Ein Grill, Holzkohle, Würstchen und Getränke standen zum Verzehr bereit. Eine Jause in der Natur war stets ein willkommener Abschluss.

Im Verlauf des Jagdjahres gab es mehrere traditionell wiederkehrende Ereignisse. Eine große Hubertusjagd mit geladenen Gästen, Martinsgansessen Anfang November, Abschlussjagd mit Schlachtfest am 30.12. und eine Feier mit den Ehefrauen, oft mit Übernachtung, auswärts. Auf diese Feste komme ich später noch ausführlicher zurück.
Eine Truppe von über 20 Personen zu einem Kollektiv zusammen zu führen und über Jahre auf ein Ziel auszurichten bedarf einer kontinuierlichen Arbeit. Nicht jedem ist dieses Talent gegeben. Es lief nicht immer alles glatt. Über Vorkommnisse unterschiedlichster Art diskutierten die Jäger in den monatlichen Versammlungen. Jeder konnte seine Meinung offen sagen. Vorkommnisse, welche nicht unbedingt die Bedeutung hatten, an die Jagdbehörde gemeldet zu werden, fanden in der Jagdgruppe ihren Abschluss. Bei Horst lag die Schwelle, wann etwas nicht verschwiegen werden durfte, sehr hoch. Abgehandelte Probleme kamen später nicht wieder in Erwähnung.
Für meine spätere Tätigkeit als Jagdleiter der Jagdgruppe Kleinberndten habe ich vom Jagdleiter Horst Helbing vieles gelernt. In der Jg. Kleinberndten fand ich andere Verhältnisse vor.
Auch in meiner Tätigkeit als Revierförster habe ich mit Horst sehr eng zusammen gearbeitet. In unserer privaten Landwirtschaft hat Horst unsere Familie sehr unterstützt.

Horst Danke!

Kurt Schinköthe

- geboren am 13.02.1934
- gestorben am 14.12. 2018
- Stellvertretender Jagdleiter und Schliefenmeister von 1987 bis 2007

Fotograf unbekannt

Das Foto zeigt Kurt in seiner Funktion als Schliefenmeister anlässlich einer Leistungsprüfung Deutscher Jagdterrier beim Wechseln des Raubwildes.

Waidgenosse Schinköthe war einer der besten Raubwildfänger im Landkreis Sondershausen. Von Kurt habe ich viele Tricks gelernt, wie man Eisen abends in die letzte Ackerfurche legt, welche Köder man für Fuchs und Marder verwendet und wie man Eisen ohne Köder auf den Pass oder den Sprung stellt (damals waren Tellereisen noch erlaubt). Es war natürlich ein absolutes **Muß,** alle gestellten Eisen am frühen Morgen **jeden** Tag zu kontrollieren.
Oft haben wir zusammen im Revier mit unseren Jagdterriern Marder gefangen. Meist brauchten wir dazu nur unsere Hunde.
Nach einem Holzeinschlag in unseren Laubholzverjüngungsbeständen trugen die Waldarbeiterinnen das angefallene Schlagreisig auf Haufen zusammen. Darin steckten sehr häufig Marder, Iltisse oder verwilderte Katzen.
Die Hunde umkreisten diese Verstecke mit hoher Nase. Verbarg sich ein Marder darin, drang der Hund in den Haufen ein. Oft apportierte der vierläufige Jagdhelfer die bereits abgetane Beute schon nach wenigen Minuten. Nur selten musste einer von uns auf das abspringende Raubwild mit Schrot schießen.
Einige schöne Erinnerungen sollen noch Erwähnung finden.
In einem schneereichen, strengen Winter gelang es mir von der LPG in Wolkramshausen zwei 5-Tonner Hänger Zuckerrüben zu kaufen. (Die Zuckerrübe ist nach unseren Erfahrungen das beste Winterfutter für das Wild. In riesigen Haufen lagerten diese häufig noch im Dezember an den Feldwegen.)
Natürlich war der Jagdleiter sofort Feuer und Flamme. Zwei Anhänger waren schnell an einen starken Traktor angekuppelt und wir fuhren die etwa 12 km von Immenrode über den Straußberg nach Wolkramshausen. Auf dem Weg vom Straußberg bis nach Kleinfurra ist ein sehr steiler Straßenabschnitt zu befahren. Da die Nebenstraße nur

mäßig vom Winterdienst geräumt war, entschied sich Kurt diesen sehr steilen Weg nach oben nur mit einem Hänger zu befahren und den zweiten nach dem Mittag zu holen.
Die Landwirte hatten von 12:00 bis 13:00 Uhr Mittagspause, in der sie zu Hause aßen, sich um ihr eigenes Vieh kümmerten oder ein Schläfchen machen konnten. In Immenrode üblich, auch einen ungeplanten Gast mit einer Mahlzeit zu verköstigen. Folgende Kommunikation ist mir in diesem Zusammenhang im Gedächtnis: Kurt zu Grete: "Wolfgang isst heute bei uns". Grete zu mir. „Wenn ich das geahnt hätte, dann hätte ich was besseres gekocht." Meine Frage: "Was gibt es denn?", die Antwort: "Grüne Bohnensuppe", weitere Frage meinerseits: "Mit Räucherspeck und eingelassenen Eiern?", "Ja!“, "Mach dir keine Sorgen. Das esse ich sehr gerne". "Na dann guten Appetit".
Grete Schinköthe war eine der Frauen, die mir im Schatten der Strohfuhre einen Schnaps spendierten, wie schon beschrieben.
Sowohl der Sohn Gert als auch der Enkelsohn Oliver haben nach der Wende das Pachtrevier von ihrem Vater bzw. Opa übernommen.
Eine Erinnerung möchte ich noch erwähnen, da diese den Charakter von Kurt im speziellen und den Immenrödern im allgemein auszeichnt:
Von der Landstraße Immenrode - Straußberg biegt links der Forstweg zu den Forsthäusern ab. Entlang dieses Weges standen Obstbäume. Das darunter gewachsene Gras nutzten Schinköthes alljährlich zur Heugewinnung. Eines Tages fuhren meine Frau und ich freundlich grüßend mit dem Motorrad an Vater und Sohn, welche gerade am Heuwenden waren, vorbei. Später erzählte uns Kurt folgende Geschichte. Nach etwa einer Stunde sagte Kurt zu seinem Sohn: "Eh wir nach Immenrode fahren, sehen wir mal nach den kleinen Kindern von Wolfs. Marlies und Wolfgang werden die Kinder doch nicht ohne Grund so lange alleine lassen." Wie besprochen klingelte man am Forsthaus. Als die Schwiegereltern öffneten, war die Sache geklärt und Schinköthes fuhren beruhigt nach Hause. So etwas nenne ich verantwortungsvolle Kameradschaft.

Ewald Pfeil

- geboren am 17.07.1907
- gestorben am 06.10.1993

Ewald entdeckte seine Jagdleidenschaft erst im reiferen Alter. Mit fast 60 Jahren legte er nach entsprechender Ausbildung seine Jägerprüfung ab und wurde in die Jagdgruppe Immenrode aufgenommen. Auf Grund seiner vielen, meist spaßigen Anekdoten kann man ihn guten Gewissens als Immenröder Original bezeichnen. "Der Mann mit den drei Frauen", neben seiner Ehefrau Lieschen lebte im bäuerlichen Haushalt noch Hermine. Hermine wurde nach ihrer Flucht 1945 auf dem Hof einquartiert und blieb bis zu ihrem Tod bei der Familie Pfeil.

Familie Pfeil bewirtschaftete neben einer kleinen individuellen Landwirtschaft auch eine Obstplantage. Besonders zur Kirschernte und zum Beerenpflücken war intensive manuelle Arbeit nötig. Um die arbeitsintensive Zeit zu bewältigen, reiste alle Jahre eine Frau aus Ausig (damalige Tschechoslovakei) nach Immenrode. Sie wurde die "Schwarzkirsche“ genannt und blieb dann längere Zeit auf dem Hof.

Fotograf unbekannt

Ewald Pfeil mit seiner Frau Lieschen

Einige Begebenheiten aus meiner Erinnerung an Ewald Pfeil möchte ich hier festhalten:

Die Sache mit den Kirmes Hasen

Eine lange Tradition in unserer Gegend ist, dass in Jägerfamilien zur Kirmes ein Hasenbraten auf den Tisch kam.
Entsprechend seiner jagdlichen Ausbildung hatte Ewald gute theoretische Kenntnisse über die Wildbiologie. Er wusste also, Hasen sind standorttreu. In der Feldflur kannte er sich als Landwirt gut aus. Beides beste Vorrausetzungen um einen Hasen zu erlegen, wenn dazu auch das Schießen klappen würde.
Waren die Felder abgeerntet, prägte er sich die Sassen der Hasen auf den Meter genau ein. Dann erhielt ich eine Einladung zur Hasenjagd. Die Einweisung der Stelle, wo der Hase in seiner Sasse lag, war präzise, z.B.: „100 m vom Feldweg in einer kleinen Geländesenke ist auf dem Stoppelfeld ein Strohbündel liegen geblieben, 2 m rechts neben dem Bündel liegt der Hase.“ Ewald hatte seine Doppelflinte am Mann, überließ mir aber großzügig den Abschuss. Über viele Jahre wurde das fast schon zu einem festen Bestandteil der herbstlichen Jagd. Natürlich waren ihm mehrere Hasen bekannte, so dass auch für meine Familie ein Braten abfiel.

Vorkommnisse mit dem "Dumelbißer" (Daumenbeißer) und "Kastor"

Das zur Jagd auch ein gut ausgebildeter und geprüfter Jagdhund gehört war zu DDR-Zeiten fast ein Muss.
Waidgenosse Pfeil wollte sich die langwierige Ausbildung aber nicht zumuten. Obwohl es allen Tieren bei ihm gut ging, hatte er für Hunde kein Händchen. Viel leichter war es, einen fertig ausgebildeten Jagdhund zu kaufen. So kam ein Deutsch Drahthaar mit VGP (Vollgebrauchsprüfung, zu DDR Zeiten die höchste Qualifikation, die ein Hund erreichen konnte) aus der Magdeburger Börde in Ewalds Besitz.

Eines Tages kam es zu einem Unfall, an dessen Umstände ich mich nicht mehr so genau erinnern kann.
Der Jagdhund hatte bei Frau Pfeil ein Stück vom Daumen abgebissen. In der Folge kam der nicht billige Hund zurück zu seinem alten Besitzer. Diese Episode kam wie gerufen für die Kirmeszeitung, welche alle Jahre von der Kirmesjugend erstellt wird und unter dem Titel " Der Dumel Beißer (Dumel im Immenröder Platt=Daumen) aktenkundig.
Immer bemüht alles richtig zu machen, um die Anforderungen einer waidgerechten Jagd zu erfüllen, musste ein neuer Hund her. Wieder aus der Magdeburger Börde kam ein ausgebildeter, sehr schöner Deutsch Langhaar Rüde mit Namen „Kastor“ nach Immenrode.
Das Immenröder Jagdgebiet hat einen hohen Waldanteil mit starkem Schwarzwildbestand und ist für Vorstehhunde nicht unbedingt das ideale Arbeitsfeld. Bei den alljährlichen Drückjagden sind selbstverständlich Stöberhunde vorteilhafter. Mit der Arbeit seines Hundes am wehrhaften Schwarzwild war E.P. nicht so recht zufrieden. Es musste Abhilfe geschaffen werden. Auf einem leeren alten Dieselfass befestigte E. eine Sauschwarte. Dann rollte er das so präparierte Fass den, mit Bitumen belegten, leicht abschüssigen Hof herunter und hetze den Hund auf die rollende Keilerattrappe. „Kastor“ kam unter die Rolle und hatte zukünftig überhaupt kein Interesse mehr sich einer Wildsau zu nähren.
Die alljährlich durchgeführten Drückjagden waren Höhepunkte des jagdlichen Jahresablaufes. Auch für den Deutsch Langhaar des Waidgenossen E. P. ein alljährlich freudiges Ereignis. An diesem Tag konnte Kastor sich einmal richtig auslaufen. Zum Ärger seines Herrn war der Hund am Ende des Jagdtages oft noch im Revier unterwegs. Der Lehrer Alfons Bärtel bog aus Draht ein Brillengestell, welches er vor Beginn der Jagd dem Hund geschickt hinter den Behängen befestigte. Darüber war Ewald natürlich nicht begeistert. Er stellte Alfons zur Rede.
Unter großer Erheiterung der Jägerschaft erklärte Alfons seinem Jagdfreund Ewald, er hätte sich mit dem Augenarzt Dr. Kunze (ein Jäger in der Jagdgruppe) über die möglichen Gründe der weiten Jagd des Hundes unterhalten. Dr. Kunze stellte die Möglichkeit in den Raum, dass der Hund eventuell schlecht sieht. Ewald sollte Alfons doch dankbar sein und ihm am Abend ein Bier ausgeben statt ihn zu beschimpfen.

Rudi Gothe

- geboren am
- gestorben am
- Vorsitzender der Jagdgesellschaft Sondershausen/ West

Rudi übernahm den Vorsitz der Jagdgesellschaft von Dr. Bruno Kunze etwa Mitte der 70er Jahre. Waidgenosse Gothe war in der Werkstatt des Kreisbaubetriebes Sondershausen als Werkstattleiter und Lagerverwalter beschäftigt. Auf Grund seiner Tätigkeit konnte er viel, in der damaligen DDR schwer zu beschaffendes Material, wie z.B. Heizkörber, Wassermischbatterien, besondere Schrauben und Scharniere, Zement, Mauersteine und Dachziegeln besorgen. Auch für eine Jagdgruppe war es damals wichtig "Vitamin B " (Beziehungen) zu haben. Zahlreiche Bauvorhaben unsere Jagdgruppe und der Jagdgesellschaft (von welchen ich noch berichten werde) wären ohne diese Beziehungen nicht möglich gewesen.

Fotograf unbekannt, Original bei Anne Helbing

Links im Bild Rudi Gothe, Mitte Horst Helbing und rechts Ewald Pfeil

Gut kann ich mich noch erinnern: nach durchgeführten Drückjagden kamen die Jäger nach jedem Treiben zusammen und unterhielten sich über die abgelaufene Jagd. Häufig steckten in den Treiben keine Sauen, keiner hatte Schwarzwild gesehen, außer Rudi. Spaßige Diskussionen waren die Folge.
In einer Nebentätigkeit schlachtete Rudi Schweine. In den Dörfern war es üblich Schweine zu mästen. Im Winterhalbjahr sind diese dann bei Hausschlachtungen zu leckerer Wurst und Braten verarbeitet worden. Die hergestellten Produkte waren schmackhaft. Rudi beherrschte dieses Handwerk. Alljährlich am 30.12. konnte Rudi sein Können zum Schlachtfest unserer Jagdgruppe unter Beweis stellen.

Heinz Rosenstil

- geboren am 04.06.1931
- gestorben am 04.12.2013

Heinz Rosenstil- als Jagdgast bei einer Drückjagd in Klein-berndten

Heinz war ein Landwirt alter Schule, Jagdhundezüchter, Musikant und leidenschaftlicher Jäger. Seines Zeichens Brigadeleiter in der LPG Tierproduktion Immenrode, verantwortlich für die Schweinezucht. Neben seiner beruflichen Tätigkeit leitete er eine kleine Kapelle, "RBH" Rosenstiel Beate Held, dessen Sänger und Pianist er war (heute würde man sagen Frontmann der Band). Auch unterrichtete Heinz unseren jagdlichen Nachwuchs im Jagdhornblasen, nachdem die vorherige Leiterin Ingrid Holzhaus aus Wolkramshausen verstorben war.

In dankbarer Erinnerung an Ingrid Holzhaus Jagdgesellschaft Wolkramshausen.

Viele junge Jäger erhielten von ihr eine gediegene Ausbildung im Hornblasen sowie Kenntnisse zur Jagdmusik und der Noten.

Am Schießstand Wolkramshausen

Die LPG spendierte für die Ausbildung der Bläser die Jagdhörner. Raimund Verges, Matthias Stolze und Roland Wolf nahmen an den regelmäßigen Übungsstunden teil.

Heinz hatte einen bekannten Zwinger der Rasse Deutsch Langhaar Teckel. Die von ihm gezüchteten Welpen fanden regen Absatz. Auch unsere Familie hatte aus diesem Zwinger eine Hündin, "Asta vom Haus Rosenstil". Nach der Ausbildung und bestandenen Prüfungen verkauften wir den Hund nach Oberspier.
Zum täglichen Revierdienst waren alle Jagdhunde meine stetigen Begleiter.
Bald musste ich feststellen, dass Teckel den langen Märschen oder der Folge hinter dem Motorrad nicht gewachsen waren, besonders bei Schneelage im Winter.
Die Konsequenz: Meine zukünftigen Begleiter wurden Jagdterrier.
Heinz hatte zur Zuchtleitung Teckel in Bad Langensalza enge Verbindungen.
Mehrmals fuhren wir zusammen mit unseren Hunden in die dortige Schliefanlage zum üben.
Heinz hat uns für unsere private kleine Landwirtschaft empfohlen, Schweine zu mästen. In der Immenröder Ferkelzucht suchte er persönlich geeignete Ferkel für unsere Mast aus.
Nach der Wende pachtete Heinz mit seinem Schwiegersohn einen Jagdbogen in Immenrode, welchen heute sein Enkel Andy Walzog übernommen hat. In diesem Jagdgebiet setzen Rosenstils und Walzogs die Tradition der legendären Straußberger Hubertusjagden fort. Es war mir, meiner Frau und unserer Tochter stets eine Freude, dazu eingeladen zu werden.
Einer langen alten Tradition folgend ist der Enkel von Heinz Rosenstil der aktuelle Pächter eines großen Teils der Immenröder Jagdgenossenschaft.
Mit Andy Walzog zusammen mit Baldur Hartung, Steve Winkel, Karsten Hempel, Andre Ehrhardt und Robert Köhn sind zu meiner Freude wieder junge Männer als Jagdhornbläser aktiv.

Adheld Otto

- geboren am 22.11.1934
- gestorben am 13.04.2014

Foto W. Wolf
A.O. Jagdgast in Kleinberndten

Adheld, ein alteingesessener Landwirt aus Immenrode, war als Traktorist in der Pflanzenproduktion tätig. Wie die meisten Immenröder konnte er sehr gut singen und war im Männerchor aktiv. Zu unseren Jagdversammlungen gab er mit Heinz Rosenstil und Martin Pleßmann den musikalischen Ton an. Besonders lagen ihm nicht nur die Jagdlieder am Herzen, sondern auch die vielen alten Heimatlieder, die schon fast in Vergessenheit geraten waren. Dieses alte Liedgut wie z.B. "wahre Freundschaft", "Das schönste Blümlein auf der Welt" oder das "Napoleon Lied" wurde gerne gesungen.

Zu einer Drückjagd war Adheld mein Nachbar. Beide hatten wir im "Vogelrot" unseren Stand. Eine Rotte Sauen wechselte mich in schneller Flucht den steile Hang vom Rittweg herunter an. Als Führungsstück kam eine starke Bache, dann Frischlinge. Mit viel Mühe und sicher auch Glück konnte ich einen Frischling erlegen. Sein spontaner Kommentar: "Warum hast du nicht das erste Stück beschossen? Das hat doch eine viel größere Leber." Beide mussten wir so lachen das der nächste Schütze fragte:"Was ist denn mit euch los?"
Adheld erlegte sein Wild oft mit einem an sich nicht so üblichen Treffer, z.B. mit einem Schuss durch das Haupt oder hinter den Teller. Zur Drückjagden erklärte er den interessierten Waidgenossen: "Das ist ein Schüsschen". Auf diese Ansage konnte man Wetten.

Schmiedemeister Gerhard Hartung

- geboren am 13.08.1929
- gestorben am 22.02.2009

Bildmitte, Schmiedemeister Gerhard Hartung, rechts Siegfried Wisk, Brigadeleiter im Revier Straußberg (heute mit Forstwirtschaftsmeister vergleichbar) links der Autor beim Bau eines Pflanzlochbohrers

In einer Dorfschmiede vergangener Jahre reparierte der Schmid so gut wie alle defekten Metallgegenstände, vom Loch im Kochtopf über Ackergeräte, Handwerkszeuge bis zum eisernen Wagenreifen und Hufbeschlag der Pferde. Erledigten die Schmiede die Arbeiten gut, schnell und bezahlbar, dann genossen sie in der Dorfgemeinschaft ein hohes Ansehen.
Gerhard war ein herausragender Handwerker. Neben seinen täglich anfallenden Arbeiten fertigte er auch kunstvolle Tore, Zäune und Gitter. Zu besonderen Anlässen sind in seiner Schmiede von ihm auch schöne Leuchter sowie andere kunsthandwerkliche Gegenstände angefertigt worden.
Für uns Jäger war es eine besondere Freude, wenn man beim Schmieden von Damaszener Messern und Saufedern dabei sein konnte. In meiner Erinnerung ist die Treibarbeit einer Jagdszene in Kupferblech für eine Kaminabdeckung geblieben.
Für mein Forstrevier ist Gerhard jahrzehntelang mit dem Hufbeschlag der Rückepferde, allen an Maschinen anfallenden Schweißarbeiten, dem Schärfen und Neuanfertigungen von Waldarbeitsgeräten beauftragt worden. Bis in die 70er Jahre war der Mechanisierungsgrad in der Forstwirtschaft sehr gering. Sollte die schwere Handarbeit erleichtert werden, mussten wir uns etwas einfallen lassen. Nur mit guten Handwerkern waren kleine Erleichterungen möglich. (siehe Bild oben Bau eines Pflanzlochbohrers)

Bei Hartungs Schlachtetagen waren meine Frau und ich jahrelang zur Hilfe in Immenrode. Seine Kinder lernten wir schon von klein auf kennen. Baldur übernahm in der Wendezeit die Schmiede. Auch sein Bruder Holger ist als Werkzeugmacher ein gefragter Spezialist. Holger ist Pächter eines Immenröder Jagdbogens. Baldur ist Jagdaufseher bei einem Pächter. Er ist in der Jagdhorn Bläsergruppe sehr aktiv.

Jochen Kulke

- geboren am 21.04.1943
- gestorben am 21.10.2021

Bilder freundlicherweise von Familie Kulke zur Verfügung gestellt.

Jochen, ein ruhiger, sympathischer, zuverlässiger Jäger kam Mitte der 70er Jahre in die Jagdgruppe Immenrode. Als gelernter Koch war er sehr schnell für die kulinarische Vorbereitung der zahlreichen Versammlungen, Festlichkeiten und sonstigen Anlässe verantwortlich.
Anlässlich der Jugendweihe unserer Kinder Sylvia und Roland hat Jochen unsere Gäste aufs Feinste bekocht.
In der Kaliforschung Sondershausen, eine international anerkannte Forschungseinrichtung, war er Chef der Kantine. Hier hatte er die Möglichkeit Menüs für unsere Jäger vorzubereiten.
Anlässlich einer Jagdversammlung, zu welcher auch unsere Ehefrauen geladen waren, sprach er zur Aufarbeitung und Zubereitung von Wildbret. Auch erfahrene, gestandene Landfrauen konnte von ihm noch einiges wissenswertes lernen.
Schnell hatte sich Jochen in unsere Gemeinschaft eingelebt. In Immenrode eingeführt hat ihn sein Schwager Friedhelm Tölle.

Dr. Bruno Kunze

- geboren am 20.02.1917
- gestorben am 04.03.1996

Anlässlich seiner Feier zum 65. ?
Geburtstag
Bild Mitte im Wartezimmer der
Augenarztpraxis Sondershausen

Fotograf unbekannt Kopie Fotoarchiv W. Wolf
Original bei Anne Kaftan.

Bruno Kunze, Augenarzt mit eigener Praxis in Sondershausen, aktiver Jäger, war wie Oberförster Karl Rochlitzer, ein aus dem jetzt tschechischen Teil des Erzgebirges stammender Vertriebener. Beide waren eng befreundet.
Als Jäger, speziell aus der Jagdgruppe Immenrode, brauchten wir keinen Termin (heutzutage muss man Monate warten, um einen Termin beim Augenarzt zu erhalten). Wir fuhren einfach nach Sondershausen, klingelten an der Wohnungstür, kamen in die Küche seiner Frau Dorle und von dort ohne lange Wartezeit in das Behandlungszimmer. Auf demselben Weg verliessen wir die Praxis ohne das die wartenden Patienten etwas bemerkten.

Einige Erlebnisse sind mir bis heute in Erinnerung geblieben:

Vor unserer alljährlichen Hubertusjagd fanden sogenannte Klepperchen statt. Die abgelegenen Revierteile wie der Müllerberg, Steinholz, Gehege und Rotes Ufer sind mit kleiner Besetzung abgetrieben worden. Der Zweck war, Wildbret für das Hubertusessen zu beschaffen.
Bruno als "Verdienter Arzt des Volkes" hatte eine Freigabe für eine eigene Jagdwaffe erhalten. Er ließ sich in Suhl eine Bockbüchsflinte anfertigen. Einige Tage vor einem solchen Klepperchen konnte er sich die neue Waffe in Suhl abholen.

,

Das Gehege, ein kleines Feldgehölz lies der Jagdleiter weiträumig mit Schützen umstellen. Die Schützen standen auf dem Feld, Oberförster Rochlitzer stand am rechten Flügel, dann Bruno mit seinem neuen Gewehr, danach ich. Bruno stand also zwischen uns. Die Treiber hatten den Wald gerade betreten, schon verliessen 2 starke Rehe das Treiben. Ein kurzer Blick, 2 Böcke, also das Gewehr gar nicht hochgenommen. Anders reagierte Dr. Kunze. Er ging in Anschlag und schon rollierte das erste Stück. Kurz mitgeschwungen und den zweiten Bock ereilte das gleiche Schicksal. Oberförster Rochlitzer warf seinen Hut in die Luft und rief: "Waidmannsheil, der Mai ist gekommen die Böcke sind auf."
Als Schonzeitvergehen konnte dieses Fehlverhalten vom Jagdleiter nicht kommentarlos hingenommen werden. Es folgte eine Standpauke vor versammelter Jägerschaft, welche sich Bruno nicht hinter den Spiegel stecken konnte. Die Bezahlung der Getränke beim Schüsseltreiben nach dieser Jagd war gesichert. Bezeichnend für den Jagdleiter und unser Kollektiv war, es ist nichts nach außen gedrungen.
Fam. Kunze besaß am Frauenberg einen großen Berggarten. Aus dem Gras ernteten die Jäger alljährlich eine große Fuhre Heu für das Wild.
Die vorhandene Gartenlaube musste durch eine neue ersetzt werden. In Zusammenarbeit mit dem Zimmermann Walter Schreivogel erfolgte ein fachgerechter Abbau. Das gewonnene Material war die Grundlage für eine Hütte, am Kirchberg im Immenröder Jagdgebiet.

Otto Grüneberg, genannt der Pardun

- geboren am 12.03.1900
- gestorben am 21.12.1979

Otto stehend mit einem Gläschen in der Hand, wird von Günther Schirmer, als Gerichtsdiener vom Jagdgericht in der Gaststätte auf dem Straußberg vereidigt

Runder Geburtstag

Otto mit seinem Sohn dem Schäfer (bekannt unter dem Spitznahmen Hertchen)

Bis zur Wende hatten in den Dörfern der Hainleite fast alle LPG Bauern Schafe in privater Haltung.

Die Bilder sind von der Familie Grüneberg freundlicherweise zu Verfügung gestellt.

Otto war der älteste Jäger der Jagdgruppe Immenrode. Sein Spitzname "Pardun" hatte folgenden Hintergrund. Otto war im ersten Weltkrieg als Soldat im kaiserlichen Heer in Frankreich im Einsatz. Von seinen Kriegserlebnissen erzählte er öfter, der Kaiser hatte seinen Soldaten befohlen: " Es wird dem Feind kein Pardon gegeben". In der hiesigen Mundart sagt man statt Pardon Pardun.

Eine zweite Episode: "Wir lagen in der Sappe und da kamen se (die Franzosen) wir konnten nischt gemache, wir mussten uns ergabe."

Otto hatte irgendwann in seinem Jägerleben nachts bei schlechtem Wetter auf eine im Feld abgestellt Ringelwalze geschossen, in der Annahme, es sei ein Wildschwein. Zu unsern Jagdgruppenversammlungen kam dieses Ereignis immer dann zur Sprache, wenn kein Grund zu finden war, einen anderen Jäger zu einer Runde Bier zu verdonnern.

"Horst (Jagdleiter) es ist schon gut, Konrad (Gastwirt) eine Lage Bier bitte für die Herren auf meine Rechnung." Damit war die Angelegenheit aber noch nicht abgeschlossen. Otto musste zum wer weiß wievielten Male berichten. Wie konntest du die Ringelwalze mit einem Wildschwein verwechseln?: "Durch den starken Wind hatte ich ein Pfützchen Wasser in den Augen. Durch langes Beobachten mit dem Fernglas konnte ich feststellen, die Walze bewegt sich." Und wie hat der Schwarzkittel auf deinen Schuss gezeichnet?: "Er hat metallisch geklappert."

Als ehemaliger Musketier im kaiserlichen Infanterie Regiment 82 war klar, nur er konnte Feuerwehrhauptmann in Großberndten werden.
Anlässlich einer Jagdversammlung sollte er zu einem bestimmten Thema einen kurzen Vortrag halten. Aus seiner Aktentasche zog Otto einen dicken Ordner. Dann begann er mit den Worten: "Es tut mir leid, wir müssen die Sache auf die nächste Versammlung verschieben. Ich habe aus Versehen die Fierwehrakte eingepackt."

Eine sehr lustige Geschichte möchte ich hier noch in Erinnerung bringen:
Die Förstereien auf dem Straußberg hatten sehr steile, hohe Dächer. Wie es so passiert, war ein Ziegel etwa in der Hälfte der Dachfläche gebrochen. Dieser musste natürlich so schnell wie möglich ausgewechselt werden. Otto als gelernter Dachdecker war sofort bereit, dieses zu erledigen. Im Vorfeld wollte er sich die Sache aber erst einmal ansehen. Am verabredeten Termin konnte ich aber aus dienstlichen Gründen nicht persönlich anwesend sein. Kein Problem, meine Frau konnte ihm den kaputten Ziegel ja auch zeigen. Als Otto vorfuhr fragte Marlies, sie sind bestimmt Herr Pardun. Die Antwort: "Maachen ich heisse Grüneberg, aber alle sagen Pardun zu mir, da kannst du es auch."
Als ich an besagtem Tag nach Hause kam, gab es natürlich eine Standpauke von meiner Frau: "Kannst du mir denn nicht sagen wie der Mann richtig heißt?"

Die Geschichte mit dem kaputten Ziegel ist aber noch nicht zu Ende. Nach Festlegung des Reparaturzeitpunktes ging es zur Sache: "Wegen eines Ziegels können wir kein Gerüst bauen oder eine Dachleiter herschleppen. Ich steige aus der Dachluke aus Du sicherst mich mit einem Seil". Auf dem Dachboden stellten wir eine Leiter hoch zum Dachfenster an. Otto, trotz seines Alters wieselflink, ließ sich mit einer Ziegel unter dem Arm von der Luke auf das Dach gleiten. Auf dem steilen Dach kam er sofort ins Rutschen. Mit großer Kraftanstrengung konnte ich ihn bis zu der gebrochenen Ziegel ablassen. Es war mir aber nicht möglich, den im Seil hängenden Mann wieder nach oben zu ziehen. Zu unser beider Glück war der Waldarbeiter Willi Kröll aus Immenrode mit Brennholz schneiden auf dem Hof beschäftigt. Da die Motorsäge lief, konnte Willi meine Hilferufe nicht hören. Nach einer gefühlt ewigen Zeitspanne wollte Willi sich eine Pfeife stopfen. Jetzt konnte er mich endlich hören. Vor Anstrengung war ich schon blau im Gesicht. Mit vereinten Kräften ist es uns dann gelungen, Otto wieder durch das Dachfenster zu ziehen.
Irgendwann muss ich im Physikunterricht mal etwas verpasst haben.

Bernhard Fedtke

- geboren am 04.03.1951
- gestorben am 22.05. 2019

Bernhard war in der der LPG Tierproduktion viele Jahre Hauptbuchhalter. Er übernahm später in der Gärtner Produktionsgenossenschaft Sondershausen ebenfalls die Hauptbuchhalterstelle.

Bernhard passte in unser Kollektiv wie der Deckel auf den Topf. Er war als Hauptbuchhalter der Tierproduktion Immenrode dafür verantwortlich, dass die Rechnungen für die Spanferkel und Schlachtschweine, welche zu den zahlreichen Veranstaltungen unserer Jagdgruppe verspeist wurden, nicht zu üppig ausfielen.
Es wurden die Gewichte von Heinz Rosenstil für die Rechnungsgrundlage geschätzt. Auch waren die Angaben des Gesundheitszustands immer "exakt" beschrieben. Das Original einer solchen Rechnung habe ich in den mir von Peter Roik zur Verfügung gestellten Unterlagen gefunden.
Von Bernhard konnten die Jäger durch seine spätere Stellung als Hauptbuchalter in der Gärtnerei auch Blumensträuße kaufen. Diese war besonders im Winter in der DDR nicht so einfach zu beschaffen.

welches

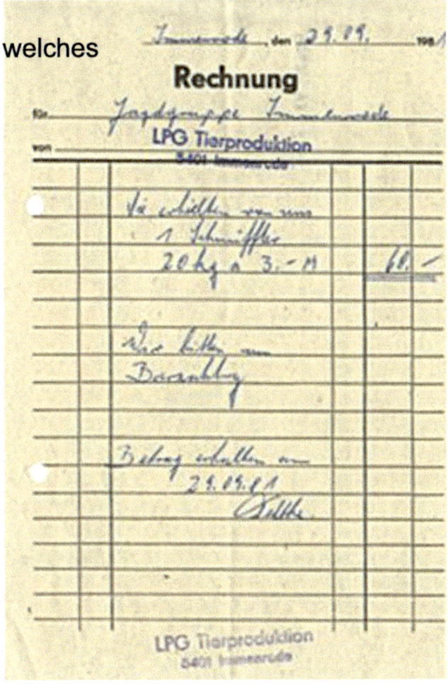

Immenrode, den 29.09. 1981

Rechnung

für Jagdgruppe Immenrode

von LPG Tierproduktion 5401 Immenrode

Wir erhielten von uns
1 Schnüffler
20 kg à 3,- M 60,-

Wir bitten um Barzahlung

Betrag erhalten am 29.09.81
Tölle

LPG Tierproduktion
5401 Immenrode

Ein Schnüffler ist ein Schwein, das durch einen genetischen Defekt eine schiefe Schnauze hat. Solche Tiere sind für eine weitere Mast nicht geeignet. Aus diesem Grund werden sie als Spanferkel billig verkauft. Bei einigen Schlachtungen war ich zur Hilfeleistung anwesend. An einen Schnüffler kann ich mich nicht erinnern.

Friedhelm Tölle

- geboren am 14.02.1944

Urkunde

Der Weidgenosse Friedhelm Tölle
aus Sondershausen Kreis Sondershausen
geb. am 14.2.44 in Sondershausen
Kreis Sondershausen hat die

JAGDPRÜFUNG

am 28.4.79 in Sondershausen
bestanden

Sondershausen, den 28.4.1979

DIE JAGDBEHÖRDE

DER PRÜFUNGSAUSSCHUSS:

PRÜFER VORSITZENDER PRÜFER

Ende der 1970er Jahre kam Friedhelm Tölle in unsere Jagdgruppe. Friedhelm züchtete Langhaar Teckel. Seine Hunde waren alle jagdlich ausgebildet mit entsprechender Leistungsprüfung. Die Hunde fanden besonders bei Nachsuchen Verwendung. In der Jagdgruppe und in der Jagdgesellschaft war Waidgenosse Tölle für den Wettbewerb, welcher zwischen den einzelnen Jagdgruppen und Jagdgesellschaften stattfand, verantwortlich. Beruflich arbeitet er im Kombinat Elektro Installation Sondershausen (EIS). Dieser große Betrieb war einer der ersten, der seine Buchhaltung schon teilweise auf elektronische Datenverarbeitung umgestellt hatte. Friedhelm beherrschte die EDV perfekt, was auch der Jagd zugute kam. Unsere Jagdgesellschaft war somit die erste im Landkreis Sondershausen, welche diese moderne Buchführung einführte. Der Stand der Abschussplanerfüllung und andere Faktoren war somit immer tagaktuell.

Jagdgesellschaft
Sondershausen West
Kollektiv Kleinb.

Zielstellung ges./kum.			Erfuellung II.Quartal Stck.	% kum	Kg A	Kg B	Kg ges	M
Rotwild maennl.	0	0	0	100.00	0.00	0.00	0.00	0.00
Rotwild weibl.	0	0	0	100.00	0.00	0.00	0.00	0.00
Rotwild ges.	0	0	0	100.00	0.00	0.00	0.00	0.00
Damwild maennl.	0	0	0	100.00	0.00	0.00	0.00	0.00
Damwild weibl.	0	0	0	100.00	0.00	0.00	0.00	0.00
Damwild ges.	0	0	0	100.00	0.00	0.00	0.00	0.00
Muffelwild maennl.	1	0	0	0.00	0.00	0.00	0.00	0.00
Muffelwild weibl.	1	0	0	0.00	0.00	0.00	0.00	0.00
Muffelwild ges.	2	0	0	0.00	0.00	0.00	0.00	0.00
Rehwild maennl.	17	6	6	35.29	66.00	12.00	78.00	83.80
Rehwild weibl.	18	8	2	44.44	0.00	10.00	10.00	9.88
Rehwild ges.	35	14	8	40.00	66.00	22.00	88.00	93.68
Schw.wild maennl.AK 0			4		Praemie 35.-			140.00
-"- AK I			2		Praemie 25.-			50.00
-"- AK II+III			0		Praemie 15.-			0.00
Schwarzwild maenl.	15	14	6	93.33	133.00	0.00	133.00	154.01
Schw.wild weibl. AK 0			0		Praemie 35.-			0.00
-"- AK II			1		Praemie 25.-			25.00
-"- AK II+III			1		Praemie 15.-			15.00
Schwarzwild weibl.	15	3	2	20.00	95.00	0.00	95.00	110.01
Schwarzwild ges.	30	18	8	60.00	228.00	0.00	228.00	264.02
Schalenwild ges.	67	32	16	47.76	294.00	22.00	316.00	357.70
Hasen	0	0	0	100.00	0.00	0.00	0.00	0.00
Enten	0	0	0	100.00	0.00	0.00	0.00	0.00
Nutzwild ges.	67	32	16	47.76	294.00	22.00	316.00	357.70
Fuechse (geschossen)	20	6	4	30.00	dav.1 am 26.04.			250.00
Fuechse (gefangen)	0	1	0	100.00				0.00
Fuechse ges.	20	7	4	35.00				250.00
Marder (geschossen)	3	0	0	0.00				0.00
Marder (gefangen)	4	0	0	0.00				0.00
Marder ges.	7	0	0	0.00				0.00
Haarraubwild ges.	27	7	4	25.93				250.00
Katzen	44	21	15	47.73				90.00
Hunde	0	1	0	100.00				0.00
Raubzeug ges.	71	29	19	40.85				340.00
Elstern, Kraehen	40	5	5	12.50				20.00
Eichelhaeher	0	4	3	100.00				4.50
Raubz.+-wild ges.	111	38	27	34.23				364.50
Wild ges.	178	60	43	33.71				722.20
Hilfe i.d.Forstw./vfm	37	0	0	0.00				
Hilfe i.d.Landw./Std.	0	0	0	100.00				
Praemie (Weisung 4/87)		17	8					160.00
Transport von Wild		31	16					120.00
Schuetzenanteile								
Summe nach Gewicht								1002.20
Ueberweisung nach "Praemiebeschluss"								968.18

Auch wenn dieses Dokument auf Grund der Papierqualität und seines Alters nicht gut zu lesen ist, möchte ich es trotzdem verwenden, da es die Anfänge der EDV in der Jagdabrechnung der DDR dokumentiert.

Alfons Bärtel

- geboren am 05.10.1939
- gestorben am 04.08.2006

links Alfons Bärtel, rechts Refö.
Karl Heinz Jansen, Hubertus Jagd
Straußberg, Jagdgericht 1972

links A. Bärtel, Mitte Frank Pinske
rechts Fred Schmidt,
Jagd im Revier Kleinberndten

Fotograf unbekannt, Bildarchiv W. Wolf

Alfons war ein sehr aktiver Jäger in unserer Jagdgruppe. Seine Spezialität war die Jagd auf Schwarzwild bei Mondschein. Als Lehrer, u.a. für den Werkunterricht, konnte er mit seinen Schülern viele für, Jagd und den Naturschutz nützliche Dinge anfertigen, wie Nistkästen, Kastenfallen, Naturschutz- und Gehörnschilder.
An ein Erlebnis der besonderen Art erinnere ich mich: In einer Scheune hatte A.B. einen Steinmarder in der Kastenfalle gefangen. In der Schule war gerade die große Pause: "Komm die Zeit reicht, wir schauen uns den Marder mal an". Gesagt, getan. In der Scheune waren durchsichtige Plastesäcke gelagert. Alfons nahm einen davon: "Du hältst den Sack auf und ich schüttele den Ratz hinein. Dann können wir ihn uns anschauen." Der Marder sprang mit einem Satz in den Sack. Das Besondere an diesem war aber, dass er unten keinen Boden hatte. Blitzschnell an einem Balken empor kletternd, entschwand der Steinmarder im Dachgebälk unseren Blicken.

Martin Pleßmann

- geboren am 26.10.1937
- gestorben am 14.12.2022

Von rechts: Adheld Otto, Marti Pleßmann, Heinz Rosenstil Peter Roik
Fotograf unbekannt Original bei Peter Roik

Martin war Feldbau Brigadeleiter in der LPG Immenrode. Als ein alteingesessener Immenröder gehörte zum Urgestein der Jägerschaft. Als Mitglied im Immenröder Männerchor war er einer der tonangebenden Sänger bei den Gesängen zu unseren Jagdversammlungen. Martin führte einen Deutsch Wachtelhund, welcher zu den Drückjagden zum Einsatz kam.

Für die Neugestaltung seines Hauses konnte Martin das gesamte benötigte Bauholz im Revier Straußberg schlagen. Später komme ich noch einmal auf die enge Verzahnung zwischen Jagdlichem, Dienstlichem und Privatem zurück. Junge, interessierte Leser können sich heute kaum vorstellen, wie wichtig es in der DDR war, sich auf allen Ebenen gegenseitig zu helfen. Solche gegenseitige Unterstützung (nennen wir es beim Namen Beziehungen) wirkt sich noch bis in die nächste Generation, also in die Jetztzeit, aus.

Für meine Broschüre "Wilderei, Jagdunfälle und sonstige Ereignisse in den Wäldern der Hainleite" war Martin der einzige noch lebende Zeitzeuge, welcher mir die genaue Stelle, an der der damalige Revierförster Armin Nagel mit einer Schussverletzung tot aufgefunden wurde, zeigen konnte.

Peter Roick

- geboren am 30.04.1942

Fotograf unbekannt,
Foto bei P. Roick

Peter Roik absolvierte ein landwirtschaftliches Studium. Danach war er beim Rat des Kreises Nordhausen, Abteilung Pflanzenschutz tätig. Er bearbeitete und überwachte den Einsatz von Düngemitteln und den chemischen Pflanzenschutz. Auf Grund seiner speziellen Aus –und stetigen Weiterbildung konnte Peter die Landwirtschafts-betriebe, die Forstbetriebe und Gartenbaubetriebe in seinem Verantwortungsbereich beraten.
Peter führte viele Jahre Teckel zur Jagd. Seine Passion ging ihm auch im Alter nicht verloren. Noch in diesem Jahr (2024) bildete er einen jungen Hund aus und führte diesen als Prüfungsbester erfolgreich auf einer jagdlichen Brauchbarkeitsprüfung. Diese Leistung fand beim Treffen der Kreisjägerschaft Erwähnung, Anerkennung und Lob.
Nach der Wende jagte Peter mit einem Begehungsschein vom Forstamt in meinem Revier.
Eine spannenete Nachsuche, welche ich im Revier Bebra mit meinem Hannoverschen Schweißhund für ihn arbeitete, ist mir in Erinnerung. Peter hatte einen Überläufer be-schossen. Wie sich zeigte, hatte diese Sau einen Vorderlaufschuss. Zu dieser Zeit hatten wir noch keine Funkpeilung, geschweige eine satellitengestützte Navigation. Nach langer Riemenarbeit konnten wir das Stück aus dem Wundbett hochmachen. Der Hund, zur Hetze geschnallt, entschwand unserem Blick- und Hörbereich. Klassisch begannen wir mit dem Auto in immer größeren Kreisen Hund und Sau zu suchen. Endlich hörten wir den stellenden Hund. Das weitere war dann leicht erledigt. Von dieser tollen Leistung des Hundes war nicht nur ich, sondern auch Peter sehr begeistert.

Andre Ehrhard

Ende der 1980er Jahre kam Andre als Jagdhelfer in unsere Jagdgruppe. Nach der Wende legte er erfolgreich die Jägerprüfung ab. Die Ehrhards: (Vater von Andre Ottomar Ehrhard), Werner Ehrhard und Günter Erhard sind seit Jahrhunderten angesehene Bauern in Immenrode.
Andre ist der letzte, der gerade noch so in den alten Jägerkern gerechnet werden kann. Besonders nach der Wende übte er einen sehr positiven Einfluss in der Jagdgenossenschaft Immenrode aus. Als Pächter eines von drei neu eingerichteten Landwirtschaftsbetrieben hatte er auf Grund seiner Stimmrechte einen großen Einfluss auf die Vergabe der Jagdpachten nach der Wende. Heute ist A.E. Vorstand der Jagdgenossenschaft. Wenn seine Zeit es erlaubt, nimmt Andre an den Übungsstunden und Auftritten der Jagdhorn Bläsergruppe teil.

Gerhard Benkenstein

- geboren am 06.04.1949

Links der Autor, Mitte Gerhard Benkenstein, Rechts Marlies Wolf

Gerhard jagte ab 1978 in der Jagdgruppe Immenrode.
Obwohl er aus Sondershausen eine weite Anfahrt ins Revier hatte, war er sehr aktiv und jagdlich erfolgreich. Unter anderen war Gerhard für ein kurzes Erläutern der wichtigsten staatlichen Ereignisse zu den monatlichen Jagdversammlungen verantwortlich. Dieses war eine unbeliebte Vorschrift. Aber er konnte den Tagungspunkt 1 kurz und schmerzlos in wenigen Minuten darlegen.

Oberförster Hans Foellmer

- geboren am 23.08.1934 in Reckenhorst Kreis Warendorf
- gestorben am 16.01.2010 in Sondershausen

Der Tierarzt Dr. Ehrhard aus Sondershausen sprach Ofö. Foellmer bei einer Jagd im Revier Straußberg mit: "Was willst du Sperberhähnchen denn von mir" an, worauf dieser schlagfertig mit: "Führ dich nicht wie Junker Hagestolz auf", antwortete. Beide haben sich bei diesem verbalen Schlagabtausch treffend beschrieben.

Bild v. Frau Neubert, Sondershausen, Tochter von Hans Foellmer

Marlies Wolf

- geboren am 27.09.1949

In der DDR waren nur wenige Frauen jagdlich aktiv. Die Bemühungen zielten darauf, den Anteil weiblicher Jäger in den Jagdgruppen zu erhöhen.
Was lag näher als die Gattin des Autors jagdlich auszubilden.
Als berufstätige Mutter von zwei Kindern und als Hausfrau, Manager eines forstlichen Haushaltes mit umfangreicher Viehhaltung, sowie der Betreuung von Jagdgästen hatte Marlies in den ersten Jahren wenig Zeit für die Jagd. Als unsere Kinder zur beruflichen Ausbildung das Haus verließen, war mehr Zeit für die jagdliche Praxis und somit stellten sich auch die Erfolge ein. Vieler gemeinsamer Jagderlebnisse konnten wir uns erfreuen. Die Erlegung eines kapitalen Keilers (102 kg aufgebrochen, Waffenlänge 22 cm) anlässlich einer Drückjagd war ein tolles Erlebnis.
Bei der Hundeausbildung – und Pflege sowie bei der Aufzucht von zwei Würfen HS-Schweißhundewelpen (11 und 8 Welpen) war die gesamte Familie beteiligt. Für meine Tätigkeit als anerkannter Schweißhundeführer hat meine Frau mir immer den Rücken frei gehalten. Dafür bin ich ihr unendlich dankbar.

Roland Schlegel

- geboren am 16.10.1952

Links stehend: Roland Schlegel und rechts Andy Walzog
Im Krug zum grünen Kranz - Schüsseltreiben nach einer Drückjagd 2012
Original Bild bei Andy Walzog in Immenrode

Kurzzeitige Mitglieder der Jagdgruppe Immenrode:

Es liegt in der Natur der Sache, dass in einer so Personen starken Jagdgruppe im Laufe des Betrachtungszeitraumes (1971 -1984) personelle Zu- und Abgänge waren, auch sind Neuzugänge nach 1984 nicht von mir erfasst.

Die Waidgenossen, welche nach dieser Zeitspanne zur Jagdgruppe gehörten sollen aber nicht unerwähnt bleiben:
Werner Bischof,? Gerlach, Jürgen Berg, Peter Dugan sowie Holger und Baldur Hartung.

Einige Jagdhelfer zähle ich nicht als Mitglieder. Die Söhne von Immenröder Jäger: Frank und Fred Otto, ? Roik sowie Bodo Pleßmann gingen zu den Gesellschafts-jagden als Treiber mit.

Alle verwendeten Fotos sind im Umfeld von Jagden, Festen und sonstigen Veran-staltungen entstanden. Sie sind sozusagen aus dem Leben aufgenommen, darauf habe ich großen Wert bei der Auswahl gelegt, ich wollte keine (Fahndungsfotos) verwenden. Allen Nachkommen, Freunden und Bekannten welche mich mit Fotos und Auskünften unterstützt haben danke ich an dieser Stelle herzlich.

Freunde der Jagd:

Jürgen Koch

- geboren am 12.10.1951
- gestorben am 25.11.1996
-

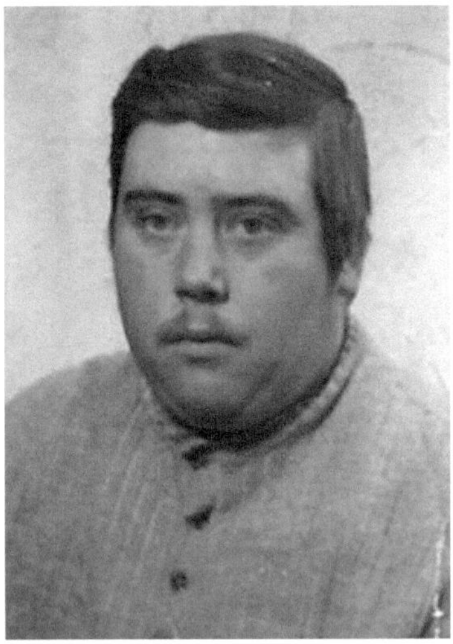

Jürgen war als Obertreiber zu jeder Drückjagd unentbehrlich. Bei Arbeitseinsätzen, besonders wenn es um Bauleistungen ging, konnte er seine handwerklichen Fähig-keiten zur Geltung bringen. Besonders aktiv war J.K .bei den Bauten der Jagdhütte am Kirchberg und der Schliefanlage auf dem Straußberg. Zur Einweihung des Kunst-baues erhielt er für seine Leistungen von der Kreisjagdbehörde eine Sachprämie. Jürgen hatte beim Bau unseres Eigenheims die Aufsicht über die Maurer- und Beton-arbeiten. Immer ehrlich, korrekt und gradlinig war er nicht nur für die Jagdgruppe eine große Hilfe. Immer wenn er gebraucht wurde, war Jürgen zur Stelle.

Walter Junge

- geboren am 12.05.1940

Jürgen Koch und Walter Junge waren sehr gute Freunde. Zu den Drückjagden fuhr Walter mit dem Mannschaftswagen der LPG die Jagdgäste, die Schützen und die Treiber ins Revier. Am Ende eines Treibens sind alle wieder von ihren Ständen abgeholt worden. Ebenfalls transportierten Walter und Jürgen das erlegte Wild zum Streckenplatz und nach dem Streckelegen in die Kühlung. Auf dem Grundstück von Walter haben beide ein kleines Sägewerk gebaut. Es konnten dort maßhaltige Balken, Bohlen und Bretter geschnitten werden. Zur damaligen Zeit war es fast unmöglich, bei der offiziellen Baustoffversorgung alle benötigten Materialien zu kaufen, trotz dem man eine sogenannte Kennziffer vom Bauamt hatte.
Besonders in der ländlichen Gegend ist das benötigte Holz im Wald selber oder mit der Hilfe von Waldarbeitern geschlagen worden. Entsprechend der vom Zimmermann gefertigten Liste haben Walter und Jürgen die Hölzer zubereitet. Viele Immenröder haben ihr Bauholz dort schneiden lassen.

Konrad Gehrmann

- geboren am 23.06.1936
- gestorben am 10.10.1997

Der Eigentümer und Wirt im" Krug zum grünen Kranze"

Bis zur Wende gab es in Immenrode 2 Gaststätten. In beiden fanden in jährlicher Wiederkehr unsere Veranstaltungen statt.
Den "Krug zum grünen Kranz" nutzte die Jägerschaft für die monatlich stattfindenden Jagdversammlungen.
Im " Krug zum Grüne Kranz", eine gemütliche verrauchte, urige Gaststätte, mit alteingesessenen Wirtsleuten, spielten schon zu Kaisers Zeiten die Bauern Karten und tranken ihr Feierabendbier.

Schob ein neugieriger Gast das Bild des Staatsratsvorsitzenden Erich Honecker etwas beiseite, so konnte er an Hand der vergilbten Tapete feststellen, dass an dieser Stelle schon mehrere Bilder, wahrscheinlich vom letzten Kaiser, über den Führer und Walter Ulbricht bis hin zu Honecker gehangen haben.
Richtig gemütlich ging es nach dem offiziellen Teil der Jagdgruppenversammlung zu, wenn der Wirt die Teufelsgeige holte. Da Konrad fast jede Lage mit trank, ermüdete er zu vorgerückter Stunde und ging zu Bett. Die Theke übernahm dann Jürgen Koch, der alles gewissenhaft festhielt und abrechnete. Es ist mir nicht bekannt, dass jemals auch nur ein Pfennig gefehlt hätte.
Im Krug zum Grünen Kranz wurde am 30.12. jeden Jahres ein großes Schwein geschlachtet.
Am vorletzten Tag des Jahres jagte unsere Jagdgruppe ohne Gäste im kleinen Kreis. Es war aus Gründen der Abschussplanerfüllung ein wichtiger Termin. Fehlte noch Wild für die Strecke des alten Jahres, so konnte das Ergebnis noch verbessert werden. War der Plan aber bereits erfüllt, verbuchte der Jagdleiter das gestreckte Wild auf das neue Jahr. Eine Verteilung einzelner Wildarten auf die Jahre war auch möglich. Zeitig am Morgen kam ein Schlachtschwein in die Gaststätte.
Während die Jägerschaft zum ersten Treiben ins Revier fuhr, begann Rudi Gothe mit Hilfe von 2 kundigen Helfern mit dem Schlachten.
Gegen 12 Uhr rückte die lustige Jagdgesellschaft auf den Saal zum Frühstück ein. Die Tische waren feierlich dekoriert. Aufgetischt wurden alle Leckereien, welche zu diesem Zeitpunkt des Schlachtvorganges fertig waren. Kesselfleisch, mit geriebenen Meerrettich, köstliches Kopffleisch, in der Kesselbrühe gekochte Leber und Nieren. Nach dem Genuss dieser Schmankerl ging es gestärkt zum zweiten Treiben.
Gegen 16/17 Uhr sammelten sich die Waidgenossen zum kurzen Verblasen der Strecke.
Das geschlachtete Schwein war in der Zwischenzeit fertig verarbeitet. Alle in der frischen Waldluft hungrig gewordenen Jäger und Jagdhelfer begannen das Festmahl. Kesselfleisch mit Sauerkraut, frisches Gehacktes, im Kraut gekochte Kohlknochen, leckere kleine Schnitzel und Bratklößchen, frische Wurst aller Sorten wurden aufgetischt. All dies erfreute die Gaumen, der durch den Genuss frisch gezapften Bieres und echten Nordhäuser Doppelkorns lustigen Gäste.
Da ein Mastschwein mit ca. 150 kg natürlich nicht von so wenigen Personen komplett verzehrt werden konnte, bekam jeder noch ein Wurstpacket mit nach Hause. Für das Aufräumkommando am nächsten Vormittag blieb dann immer noch ein Frühstück übrig.

Die Gemeinde Gaststätte "Zur guten Quelle" hatte einen größeren Saal, eine modernere, schönere Gaststube und eine sehr geschmackvoll eingerichtet Bauern – stube. Hier verspeiste die Jägerschaft alljährlich Anfang November die Martinsgänse.

Eine Stele von dem bekannten Grafiker und Bildhauer Heinz Scharr in der Bauernstube, "Gaststätte zur guten Quelle" Immenrode

Es war nicht ganz einfach, für so viele Personen ausreichend Gänse zu beschaffen. Je nach Lage der Dinge kamen diese aus einem großen Feinkostladen in Erfurt oder sie wurden über das Volkspolizei Kreisamt besorgt. Zu beiden hatte unsere Jagdgruppe enge Kontakte. (Jagdeinladungen sowie persönliche Freundschaften waren die Grundlage.)
Für größere Veranstaltungen der Jagdgesellschaft, wie Mitgliederversammlungen und Jägerfeste war die "Gut Quelle" ebenfalls besser geeignet.
Sehr weitsichtig und diplomatisch geschickt hielten wir uns, wie man so sagt, beide Wirte warm.
Nach dem Jagdleiterwechsel und der Umbenennung der Jagdgruppe Straußberg in Jagdgruppe Immenrode fand in der "Guten Quelle" nach der Hubertusjagd auch das Schüsseltreiben statt.

Bis Mitte der 1970er Jahre wurde nach der berühmten Hubertusjagd in der Gaststätte im alten Gutshaus, auf dem Straußberg gefeiert.

Altes Gutshaus Straußberg

In Vorbereitung des abendlichen Jagdessens lieferten die Jäger rechtzeitig ein passendes Stück Wild. In einem Jahr kam trotz aller Anstrengungen kein Schwarzwild zur Strecke. Eine improvisierte Jagd im Feld brachte 1 Reh und ca. 12 Hasen ein. Das Wetter war Anfang November ungewöhnlich warm, also wohin mit den Reh und den Hasen? "Kollege Wolf, sie haben in Ihrem Forsthaus doch einen kühlen Keller. Dort kann das Wild für die kurze Zeit bis Hubertus doch hängen", so der Oberförster. Dies bedeutete, ich hatte das "Vergnügen" die Hasen auszuwerfen, damit das Wildbret nicht verdarb. Eine gute Seite hatte die Angelegenheit allerdings für mich. Hasenleber, mit Zwiebelringen und feinen Apfelscheiben und Speck gebraten, ist eine Delikatesse.
Alle Jäger, Jagdhelfer, Hundeführer, Hornbläser und Gäste trafen sich am Morgen vor der Oberförsterei. Unsere Nachbarn von der Jagdgruppe Wernrode kamen den etwa 3 km langen Anstieg auf den Rauenberg zu Fuß zum Treffpunkt.
Die Einteilung der Schützenstände, die Organisation der Treiben und die Sicherheitsbelehrung gab der Jagdleiter bekannt.
Danach bestiegen alle Teilnehmer den bereit stehenden Mannschaftswagen, welcher von der LPG Immenrode mit dem bewährten Traktorfahrer Walter Jung besetzt war. Der alten Tration folgend war das Waldstück "Breites Loh" das erste Treiben. Als zweites kam der "Mittelberg“ und die „Alte Burg" dran. Nach diesen beiden Treiben war Mittagspause. An der Jagdhütte am Vorwerk Kirchberg brannte der Grill. Unter der Aufsicht von Waldemar Schlegel brutzelten schmackige Thüringer Rostbratwürste, Rostbrätel und Schaschlik über der Holzkohle. Diese, nicht so leicht zu beschaffenden Raritäten bezogen wir alle Jahre aus der Fleischerei von Thilo Hartlepp in Wipperdorf. Die Jäger, die Jagdhelfer und die Hunde konnten sich ausruhen.

Bei gut gekühltem Bier, Kaffe oder Glühwein, je nach Wetterlage, fachsimpelten die Teilnehmer über den bisherigen Verlauf der Jagd, erzählten Jägerlatein oder Witze.

Bei schlechtem Wetter war es auch in der Jagdhütte gemütlich. Am warmen Ofen konnten die Treiber ihre nassen Sachen notdürftig trocknen oder das Feuer, welches bei der Hütte brannte, zum Aufwärmen nutzen.

Jagdhütte am KirchbergHubertusjagd 1973

Von links Bernhard Beth Straußberg Jagdhelfer, am Grill mit Schürze Waldemar Schlegel Immenrode Chef des Getreidelagers, mit Tarnjacke am Grill stehen, Ofö. Rochlitzer, daneben Otto Grüneberg genannt der Bardun Großberndten, an der linken Hausecke mit Tarnjacke Günter Kügler Immenrode, mit dem Gewehr Refö. Wolf, daneben ebenfalls mit dem Rücken zum Fotografen Heinz Rosenstiel, rechts daneben Seitenansicht Alfons Bärtel.

Nach der Mittagspause begann das dritte Treiben. Den Streckenplatz auf der Wiese bei der Revierförsterei, mit Fichtenzweigen belegt, hatten die Waldarbeiter schon Tage vor der Jagd hergerichtet. Das Fichtenreisig konnten sich die Straußberger Bürger an den nächsten Tagen zum Abdecken ihrer Gräber kostenfrei abholen.
Das Verblasen der Strecke und die Übergabe der Schützenbrüche erfolgten nach uralten Bräuchen. Als Abschluss der Jagd ehrte die Jägerschaft das erlegte Wild mit einem Salutschuss aus allen Waffen.
Der für das Jagdgericht auserwählte Richter kontrollierte jedes Gewehr. Wehe ein Teilnehmer hatte unbeschossene Läufe.
Mit den Vorbereitungen das Festmahl, der Dekoration des Raumes und der Tische beschäftigten sich drei gute Seelen.

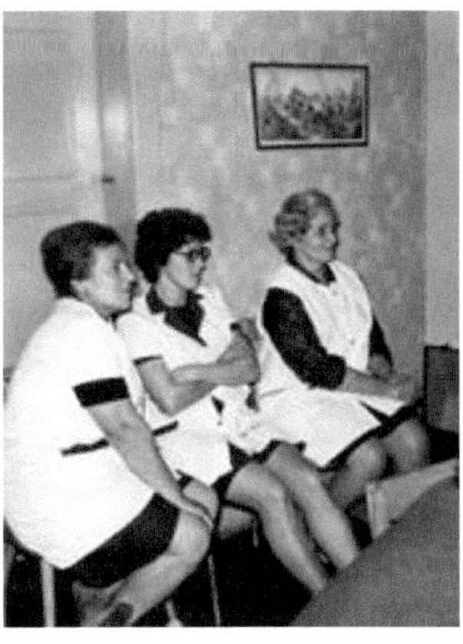

rechts die Frau von Obfö. Rochlitzer, Alice Rochlitzer

Mitte die Frau von Revfö. Wolf Marlies Wolf

links die Frau von Bürgermeister und Gastwirtes Deiters Frida Deiters.

im Gasthaus, Gutshaus Straußberg Hubertusfeier 1973

Links vorne Schmiedemeister Gerhard Hartung, etwas mittig Horst Helbing, mittig Ingrid Holzhaus, rechts Frau Gothe, daneben Rudi Gothe, Dann Dorle Kunze, und ihr Mann Dr. Bruno Kunze

Das Jagdgericht, Vereidigung des Angeklagten Horst Helbing durch den Richter Günter Schirmer, Bürgermeister von Wernrode. mit dem Rücken zu uns in Bildmitte, Refö. Heinz Lüdecke (genannt, Hasen Heinz) Jagd Referent im StfB Sondershausen, Vertreter der Anklage..

Das Jagdgericht 1971 Angeklagter Helmut Stolze, Richter stehend rechts, Günter Schirmer , Bürgermeister von Wernrode, Staatsanwalt, Mitte mit Bart, Kurt König, Falkner aus Kleinfurra, sitzend in Forstuniform Ofö. Rochlitzer als Verteidiger.

links im Bild sitzend, Landforstmeister Johannes Didt mit Ehefrau

Eine Episode ist mir noch in Erinnerung: Der Regimentskommandeur des Mot-schützen Regiments in Sondershausen fragte ob dies eine heilige Jagd sei, da im Geweih des Hirsches ein christliches Kreuz sei? Er kannte die Hubertussage nicht, Freute sich aber über die Auskunft welche er in einer kurzen Erklärung erhielt.

Das hohe Gericht zählt die Einnahmen

Sonstige Aktivitäten der Jagdgruppe:
Ende der 1960er Jahre ist ein Wurftauben Schießstand an einer Obstplantage südlich östlich vom Vorwerk Kirchberg erbaut worden, welcher aber aus Sicherheitsgründen nicht sehr lange genutzt werden konnte. Aus Erzählungen älterer Jäger weiß ich, dass Schießwettbewerbe auch mit Gästen erfolgten. Jäger nutzten diese Anlage zum Training.

Pause beim Bau der Anlage

Rechts am Bildrand: Adheld Otto, Martin Pleßmann, Horst Helbing in der Mitte in Forstuniform Refö. Armin Nagel.

Die Aufnahme wurde von Frau Erika Pleßmann freundlicherweise zur Verfügung gestellt.
Das Foto ist vor 1959 aufgenommen

Eine große Sache war der Bau einer Schliefanlage nahe der Revierförsterei auf dem Rauchenberg. Nach meinem dafürhalten war dies Anlage die schönste und funktionellste in Thüringen.
Die Jägerschaft des Kreises Sondershausen hat den Bau massiv durch manuelle Bauleistungen in unzähligen Arbeitsstunden voran gebracht. Groß Unterstützung kam vom Staatlichen Forstwirtschafts Betrieb und von der LPG Immenrode.

Beim Bau der Schliefanlage Links im Bild Zimmerer Walter Schreivogel

Die gesamte Anlage war mit einem großen Schleppdach, welches auf Hülsenfundamenten ruhte, wetterfest Überdacht.
Leider konnte die Anlage, welche mit großer Beachtung bis hin zur Bezirksjagbehörde, den Zuchtverbänden Deutsche Jagdterrier sowie der Teckelzüchter 1983 eigeweiht wurde. nicht sehr lange genutzt werden. Es fand ein reger Übungsbetrieb sowie einige Prüfungen statt.

Nach der Wende waren die Tage des Kunstbaues und aller weiteren Anlagen gezählt. Tierschutzverbände sollen den Abbau gefordert haben? in dieser sehr schwierigen Zeit war der Widerstand gering, ein jeder hatte mit seinem beruflichen Weiterkommen zu tun. Es gab Gerüchte: selbst neue Verantwortliche aus der Jägerschaft hätten aus persönlichen Gründen stark an der Stilllegung mitgearbeitet. Der Bau war immerhin von der Kreisbaubehörde genehmigt.

Mein persönliches Resümee: es hat sich gut gejagt in der Jagdgruppe Immenrode. Leider sind die meisten von den alten Jagdkameraden verstorben aber unter den noch Lebenden ist der alte Chorgeist weiter vorhanden.
Persönlich ist es mir eine besondere Freude, dass die Söhne und Enkel der oben vorgestellten Jäger heute wieder die Pächter sind und die jagdlichen Traditionen auf vielfältige Weise fortsetzen.

12. Bildnachweis

Alle verwendeten Fotos, welche nicht mit Unter Text erläutert sind, wurden vom Autor fotografiert.

Alle Bilder welche nicht vom Autor fotogarfier wurden haben eine Text- und Herkunfts beschreibung.

Bildfreigaben sind in den Textbeschreibungen erwähnt und liegen beim Autor vor.

Die gesamten Fotografien und Kopien sind beim Autor archiviert.

13. Danksagung

Mit freudigem Erstaunen stellte ich die Hilfsbereitschaft und das Interesse vieler ehemaliger Jagdkameraden, besonders deren Hinterbliebenen fest. Die Bereitstellung von Bildmaterial welches besonders die ehemalige Jägerschaft der Jagdgruppe Immenrode in die Erinnerung zurück ruft gibt Auskunft über die Spender.
Besonderen Dank an Anne Kaftan Wernrode, und Andy Walzog, welche mir ganze Alpen zur Verfügung stellten.
Herzlich bedanken möchte ich mich bei Herr Gerald Karstedt aus Wiedermuth. Gerald war mir bei der Suche bereits verschollener Fotografien von Rotwildtrophäen behilflich.
Allen Jägern, welche mir ihre Jagderlebnisse bei der Erlegung von Rotwild berichteten und Bilder zu Verfügung stellten bzw. mir das Fotografieren der Geweihe gestattete ein Dankeschön.
Den Landwirt Andre Ehrhard und den Mitarbeitern des "Landgutes Berndten" bin ich Dank schuldig, sie halfen mir bei der Feststellung der Flächengröße des ehemaligen Jagdgebietes der Jagdgruppe Immenrode. Es spiegelt die enge, jahrhundertlange Zusammengehörigkeit der Land –und Forstwirtschaft mit der Jägerschaft wieder.

Peter Roick (Protokollführer der Jagdgesellschaft Sondershausen West) überlies mir interessante Akten welche viele Vorgänge wieder in die Erinnerung brachten.

Meinem Kollegen Revierförster Michael Wolff (Thr. Forstamt Allzunah) danke ich für die Kopie eines Jagdplanes einer Schwarzburger Hofjagd aus dem Jahre 1764 sowie die Darstellung eines Eingestellten Jagens in Gehren.

Besonders angenehm war die Zusammenarbeit mit dem Stadt und Schloss Museum Gehren vielen Dank an Frau Heide Scheibe.
(Gehren gehörte bis 1918 zum Fürstentum Schwarzbug Sondershausen)

Ebenfalls Dank an das Schloßmuseum Sondershausen Frau Karolin Schäfer für eine Bildfreigabe und sonstige Unterstützung.

Eine sehr aktive Unterstützung erhielt ich von Volker Lauterbach, Heimatforscher aus Großbrüchter. Volker stellte mir seine umfangreiche heimatkundliche Sammlung zur

Verfügung. Aus dieser Sammlung konnte ich einmalige jagdlich relevante Dokumente nutzen.

In einem sehr konstruktiven Gespräch habe ich mit meinen langjährigen Jagd Kameraden und Reviernachbarn Winfried Schäfer viele interessante Begebenheiten erfahren, welche den Inhalt des vorliegen Buches bereichern.

Für die Bearbeitung einiger Bilder danke ich Wolfgang Sander, Heringen.

Helmut Röttig, (Foto- Designer und Bildarchiv SDH) fertigte mir aus mehreren Topographischen Karten eine Übersichtskarte. Für eine langjährige Zusammenarbeit bedanke ich mich bei ihm.

Ganz besonders möchte ich meiner Tochter Sylvia für das Korrekturlesen und die Hilfe bei der reaktionären Bearbeitung bedanken.

Ein Dankeschön an meinen Kollegen Revierförster Ralf Hubert für genaue Benennung und deren Lage einiger historisch benannter Wege in seinem Revier.

Über einen längeren Zeitraum habe ich für das vorliegende Buch recherchiert und lange an dessen Gestaltung gearbeitet. Es ist möglich dass ich einige Zulieferer versehentlich nicht erwähnt habe. Sollte dieses der Fall sein so bitte ich um Nachsehen und danke hiermit allen welche mir behilflich waren herzlich.

Juli 2025

14. Anlage 1

Die Wolfangel, ein althannoversches Zeichen

Da das Zeichen der Wolfsangel im Text verwendet wurde, möchte ich hier Klarstellen, dass dieses Symbol nichts mit dem Nationalsozialismus zutun hat. Es ist schon Jahrhunderte vorher das Zeichen der waidgerechten Jäger gewesen.

Das Zeichen der Wolfsangel ist vermutlich aus dem altgermanischen Ruhnenalphabet entstanden und stellt hier das "E" dar. Das Wort "Eh" bedeutet die für heilig gehaltene Eiche. Tatsächlich ist die Wolfsangel als Doppelhaken ein Gerät zum Fang von Wölfen gewesen und wurde auch als Fischer-, Schiffer- und Zimmermannshaken verwendet, und dieses Zeichen wurde auch in verschiedener Weise in Wappen aufgenommen.
In bewußter Anlehnung an das altgermanische "E" hat die Wolfangel in der Königlich Hannoverschen Forst- und Jagdverwaltung allmählich die Bedeutung einer Schutzrune erlangt. Sie war hier festverankert mit dem Staatshoheitszeichen auf den Uniform- und Ausrüstungstücken auf, den Waldhämmern, den Grenz- und Jagensteinen. Sogar das dem Forstfiskus gehörende Inventar wurde mit der Wolfangel versehen.

So waren z. B. an den hannoverschen "Couteaus" heutigen Waidblättern vergleichbar die Parierstangen in Form einer Wolfangel geschmiedet. Auf den im Forstdienst üblichen Waldhämmern, mit denen das Eigentumszeichen auf gefälltes fiskalisches Holz geschlagen wurde, war neben den Anfangsbuchstaben vom Forstamt und Betriebsbezirk auch die Wolfangel mit eingearbeitet, sie wurde sogar noch bis 1975 in der niedersächsischen Landesforstverwaltung verwendet.
Die zum Königlich- Hannoverschen Jägerhof gehörenden Meutehunde, die zu den Hofjagden im Saupark Springe und in der Göhrde alljährlich zusammengezogenen wurden, bekamen vor diesen Jagden das Wolfangel-Zeichen in ihr zottiges Fell geschnitten, und so liegt es nahe, dass die wertvollen Schweißhunde des Hannoverschen Jägerhofes, die bis zur Auflösung im Jahre 1866 sämtlichst dem Königlichen Ober-Jagd Departement gehörten, ebenfalls mit der Wolfangel gezeichnet wurden. Auch die standesbewußten königlichen Hofjäger und Forstbeamten setzten zu ihrem Namenszug das Wolfangel- Zeichen. So auch mein Vater, der dem Schlußschnörkel seines Namens eine der Wolfangel ähnliche Form verlieh.
Diese Gepflogenheit setzte sich auch noch lange über die Auflösung des Hannoverschen Jägerhofes bei den in den Forstdienst übergegangenen Hofjägern fort, um damit stolz zu dokumentieren, welcher Herkunft sie waren. Auch heute setzen noch einige wenige fährten- und jagdgerchte Schweißhundeleute der grünen Farbe, die um die traditionsreiche hannoversche Jagdgeschichte wissen, in irgendeiner Form die Wolfangel zu ihrem Namen.

Unterschrift mit Wolfangel-Zeichen"

H. Müller
Kgl. Revierförster
a. D.

Abschrift Verein Hirschmann
Chronik1894- 1980 S.626

Weiter Bücher von Wolfgang Wolf

Autor Wolfgang Wolf,
Festeinband, A5, 200 Seiten mit
190 Fotos und Abbildungen
ISBN 978-3-95966-511-7

Autor Wolfgang Wolf,
Taschenbuch, A5, 68 Seiten mit
42 Fotos und Abbildungen
ISBN 978-3-95966-579-7

Impressum
Umschlaggestaltung: Harald Rockstuhl

Titelbild: Hugo Engl, Österreichischer Maler (1852–1926)

Aus: „Das deutsche Jägerbuch“ von L. Ganghofer, L., C.W. Allers.
Union Deutsche Verlagsanstalt, Stuttgart ohne Jahresangabe (um 1898)

1. Auflage 2025

ISBN 978-3-95966-796-8

Satz: Wolfgang Wolf

Autor Wolfgang Wolf im Verzeichnis der Deutschen Nationalbibliothek
mit der GND-Nr. 1223867846 *(https://d-nb.info/gnd/1223867846)*

Verlag Rockstuhl Inhaber: Harald Rockstuhl
Mitglied des Börsenvereins des Deutschen Buchhandels e.V. mit der
Verkehrsnummer 10280, Lange Brüdergasse 12 in D-99947 Bad Langensalza
Telefon: 03603 / 81 22 46, E-Mail: verlag-rockstuhl@web.de
www.verlag-rockstuhl.de
Druck und Bindearbeiten erfolgen in Deutschland

Gedruckt auf alterungsbeständigem Papier nach ISO 9706
Die Deutsche Nationalbibliothek verzeichnet diese Publikation in der
Deutschen Nationalbibliografie. Detaillierte bibliografische Daten
sind im Internet über *http://dnb.d-nb.de* abrufbar.

Verlag Rockstuhl
www.verlag-rockstuhl.de